Ein WAS IST WAS-Buch

Mathematik

von E. Harris Highland
und H. J. Highland
Illustriert von Walter Ferguson
und Anne-Lies Ihme

Wissenschaftliche Überwachung durch
Studienrat Gerhard Blohm

NEUER TESSLOFF VERLAG · HAMBURG

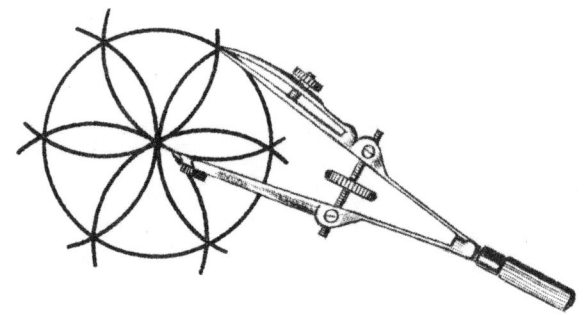

Vorwort

Mathematik ist interessanter, als mancher denkt — das beweist dies **WAS IST WAS-BUCH.** Heute kommt niemand ohne die Kenntnis ihrer einfachen Grundlagen aus; addieren, subtrahieren, multiplizieren und dividieren sind Rechenoperationen, die jeder täglich anwendet, wenn er zum Einkaufen geht oder seine Einnahmen und Ausgaben vergleicht. Niemand wird mit solchen Kenntnissen geboren. Die frühen Menschen hatten überhaupt noch keine Zahlvorstellungen. Erst vor wenigen Jahrtausenden haben es einige Völker gelernt, weiter als bis drei zu zählen. Dieses Buch erzählt, wie sie in geschichtlicher Zeit allmählich mathematische Kenntnisse erwarben und entwickelten. Es berichtet über die Babylonier, die ihre Zahlen mit dem Rohrgriffel in Ton ritzten und als erste ein Stellenwertsystem erfanden; es berichtet, wie die Griechen aus der Mathematik eine Wissenschaft machten. Welch großer Fortschritt war es, als die Inder die Null erfanden.

Die Kapitel über Geheimschriften und Geheimkodes, über Rechentricks und über die Chancen, die man beim Glücksspiel hat, werden jedem Spaß machen. Und der Leser lernt auch die Computersprache kennen und erfährt manches von der Bedeutung, welche die Mathematik für die moderne Raumfahrt hat. In Mengenlehre und Topologie, den neuesten Erkenntnissen der mathematischen Wissenschaft, geben einige überraschende Beispiele mühelosen Einblick.

Mathematik ist ein weites Feld, und ihre Entwicklung ist noch längst nicht abgeschlossen. Sie ist eine Herausforderung für jeden, der Freude am logischen Denken hat.

Inhalt

Die Sprache der Mathematik

Wie verständigen sich Mathematiker?

Wer ein fremdes Land bereist, die Sprache seiner Bewohner aber nicht versteht, hat von seiner Reise nur halb soviel Gewinn. Ähnlich ist es mit dem Reich der Mathematik: Wer die Sprache der Mathematik nicht versteht, kann sie nicht begreifen. Früher war die Übermittlung mathematischer Gedanken sogar für Mathematiker ein Problem. Sie haben es gelöst, indem sie eine besondere Schrift erfanden, die in jedem Land der Welt von Mathematikern verstanden wird.

Auf den folgenden Seiten wird über die Bedeutung der Zeichen, Symbole und Wörter berichtet, die man kennen muß, wenn man dies Buch mit Gewinn lesen will. Die Sprache der Mathematik ist anfangs ungewohnt, sie ist aber nicht schwer zu verstehen.

Was sind natürliche Zahlen?

Natürliche Zahlen nennt man die Zahlen 1, 2, 3, 4 usw. Es gibt keine größte natürliche Zahl, denn zu jeder denkbaren Zahl läßt sich immer noch eine Zahl hinzudenken. Wohl aber gibt es eine kleinste natürliche Zahl, nämlich 1. Wenn wir zwei oder mehrere natürliche Zahlen miteinander malnehmen oder „multiplizieren", so ist das Ergebnis, das **Produkt,** wieder eine natürliche Zahl. Zum Beispiel:

$$2 \cdot 7 \cdot 11 \cdot 13 = 2002$$

Man sagt dazu auch: Die Zahlen 2, 7, 11 und 13 sind Faktoren von 2002. Die Zahl 2002 läßt sich also sowohl durch 2, 7 und 11 als auch durch 13 ohne Rest teilen; man kann 2002 auch durch 1 und durch sich selbst teilen (2002 : 2002 = 1).

Was ist eine Primzahl?

Es gibt jedoch einige natürliche Zahlen, die man nur durch 1 und durch sich selbst teilen kann. Nehmen wir einmal die Zahl 7. Man kann sie tatsächlich nur durch 1 und durch sich selbst teilen, wenn kein Rest bleiben soll. Man kann sie also nur als Produkt von zwei natürlichen Zahlen schreiben: $7 = 1 \cdot 7$ oder $7 : 1$. Genau so ist es mit der Zahl 11. $11 = 1 \cdot 11$ oder $11 \cdot 1$. Solche Zahlen nennt man **Primzahlen**. Wie ist es mit 13, 17 und mit 37? Es sind Primzahlen. Ist 27 auch eine Primzahl? Nein, denn $27 = 3 \cdot 9$. Ist 1 eine Primzahl? Man kann zwar 1 durch sich selbst teilen, und man kann 1 durch eins teilen, aber das ist beides dasselbe, nämlich $1 : 1 = 1$. 1 kann also nicht das Produkt von zwei natürlichen Zahlen sein; deshalb ist 1 auch keine Primzahl.

Wie unterscheiden sich Algebra und Arithmetik?

Man hat gesagt, die Sprache der Wissenschaft sei die Mathematik, und die Grammatik der Mathematik sei die Algebra. Das Wort **Algebra** kommt vom arabischen al-jabr, auf deutsch „Wiedervereinigung von Teilstücken" oder „Vereinfachung". Ohne die Algebra wäre ein Teil unseres wissenschaftlichen und technischen Fortschritts nicht möglich gewesen. Algebra ist wie ein Tunnel durch einen Berg — eine Abkürzung. Solange wir nur mit natürlichen Zahlen oder mit Brüchen aus ihnen rechnen, wie z. B. mit $1/7$ oder mit $0,34 = {}^{34}/_{100}$, solange betreiben wir Arithmetik. In der Algebra verwendet man zum Rechnen auch Buchstaben. Wir können z. B. sagen, eine Kiste Nüsse sei gleich a. Dann sind 5 Kisten Nüsse = 5a oder 7a = 7 Kisten Nüsse. Wenn wir 5 Kisten Nüsse und 7 Kisten Nüsse addieren wollen, so schreiben wir

$$5a + 7a = 12a.$$

Das ist auch dann richtig, wenn wir sagen, a sei ein Sack Kartoffeln oder a seien 3 Äpfel. 5a ist eine Abkürzung für $5 \cdot a$. Die Mathematiker möchten möglichst wenig schreiben und verzichten deshalb auf das Malzeichen, weil es ja bei Buchstaben und Buchstaben mit Zahlen keine Verwechslungen geben kann! ab ist also dasselbe wie a mal b: $ab = a \cdot b$.

Bei mehreren Zahlen hintereinander darf man das Malzeichen natürlich nicht weglassen, denn $5 \cdot 3$ bedeutet etwas anderes als 53:

$$5 \cdot 3 \neq 53.$$

Das Zeichen $\neq$ ist das mathematische Kurzzeichen für „nicht gleich".

Wenn man zwei Zahlen miteinander multipliziert, so ist es gleich, ob man zum Beispiel $3 \cdot 4$ oder $4 \cdot 3$ rechnet. Einerlei, welche Zahlen man miteinander malnimmt: es kommt nicht auf die Reihenfolge der Faktoren an. In der Sprache der Algebra heißt das

$$a \, b = b \, a$$

(a mal b ist gleich b mal a).

Aber auch die Aufgaben, die in der natürlichen Sprache recht kompliziert wirken, lassen sich in algebraischer Schreibweise leicht überschauen. Die Frage: „Wie heißt die Zahl, deren um 1 vermindertes Dreifaches, zu ihrem Doppelten addiert, 9 ergibt?" lautet algebraisch einfach:

$$2x + 3x - 1 = 9.$$

Dabei wird für die unbekannte Zahl der Buchstabe x verwendet. In dieser Gleichung könnte man schon leicht durch Probieren die gesuchte Zahl finden. Mit einem einfachen mathematischen Verfahren läßt sich die Gleichung so umformen, daß sich die Lösung wie von selbst ergibt:

$$2x + 3x - 1 = 9$$
$$5x - 1 = 9$$
$$5x - 1 + 1 = 9 + 1$$
$$5x = 10$$
$$x = 2$$

Die gesuchte Zahl heißt also 2.

Der Unterschied zwischen Arithmetik und Algebra besteht allerdings nicht nur darin, daß man in der Algebra außer mit Zahlen auch mit Buchstaben rechnet. Neben den Grundrechenarten $a + b$, $a - b$, $a \cdot b$ und $a : b$ verwendet man noch Potenzen und Wurzeln, und außer mit den Zahlen, die größer als 0 sind (positive Zahlen genannt) wird auch mit 0 und mit den sogenannten negativen Zahlen gerechnet. Man schreibt diese negativen Zahlen mit einem Minuszeichen vor der Zahl, also -3 oder -6:

$$4 - 6 = -2.$$

Für den Rechenausdruck $4 \cdot 4 \cdot 4 \cdot 4 =$

Was sind Potenzen und Wurzeln?

256 hat man in der Algebra eine kürzere Schreibweise gefunden, nämlich $4^4 = 256$. Ebenso schreibt man für $3 \cdot 3 \cdot 3 \cdot 3 = 81$ $\quad 3^4 = 81$, oder anstatt $2 \cdot 2 \cdot 2$ schreibt man 2^3. 2^3 spricht man „zwei hoch drei" aus. Solches Rechengebilde nennt man eine Potenz. Die Zahl 2 ist in diesem Fall die Basis oder Grundzahl, die Zahl 3 heißt Exponent oder Hochzahl.

$\sqrt[3]{8}$ bedeutet die „dritte Wurzel" aus 8, das heißt, man sucht die Zahl, die dreimal mit sich selbst malgenommen 8 ergibt. Das ist offensichtlich die Zahl 2, denn $2 \cdot 2 \cdot 2 = 8$. Ebenso ergibt $\sqrt[4]{256}$ (die vierte Wurzel aus 256) $= 4$, denn $4 \cdot 4 \cdot 4 \cdot 4 = 256$.

Läßt man den „Wurzelexponenten" links oberhalb des Wurzelzeichens weg, so ist die Quadratwurzel gemeint, das heißt, die zweite Wurzel. So ist $\sqrt{9} = 3$ und $\sqrt{4} = 2$ oder $\sqrt{81} = 9$, weil $3 \cdot 3 = 9$, $2 \cdot 2 = 4$ und $9 \cdot 9 = 81$ ergibt.

Ebene Geometrie beschäftigt sich mit den Eigenschaften der Figuren, die in einer Ebene liegen. Das Wort Geometrie kommt aus dem Griechischen und bedeutet „Landmessung".

Ohne sie ständen unsere Häuser uneben, unsere Wände wären schief, und wir könnten nicht unseren Weg über das Meer finden.

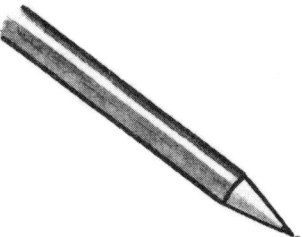

Fangen wir mit dem **Punkt** an. Er zeigt eine Stelle im Raum an. Er hat keine Länge, Breite, Höhe oder Tiefe.

Ein Punkt, der sich bewegt, erzeugt eine **Linie**. Es gibt verschiedene Arten von Linien:

Eine **horizontale** Linie liegt waagerecht, wie die Oberfläche von ruhigem Wasser.

Eine **vertikale Linie** läuft von oben nach unten und steht im rechten Winkel oder senkrecht zu einer horizontalen Linie.

Eine **schiefe Linie** ist weder horizontal noch vertikal.

Wenn eine Linie stetig ihre Richtung ändert, nennt man sie **Kurve**.

Bleibt die Richtung stets gleich, heißt sie **Gerade**. **Parallele Linien** sind Geraden, die sich, wenn sie in einer Ebene liegen, niemals berühren, so lang man sie auch macht.

Winkel werden von zwei Geraden gebildet, die von demselben Punkt ausgehen. Die beiden Linien sind die Schenkel des Winkels. Der Punkt, an dem sich beide Schenkel treffen, heißt der Scheitelpunkt des Winkels.

Ein Viertel eines Kreises bildet einen **rechten Winkel.** Er ist $^1/_4$ von 360 Grad (geschrieben 360°), also 90°.

Spitzer Winkel heißt jeder Winkel, der kleiner ist als ein rechter Winkel oder kleiner als 90°.

Ein **stumpfer Winkel** ist größer als 90°, aber kleiner als 180°.

Eine Linie, die sich seitlich bewegt, erzeugt eine **Fläche**. Sie hat Länge und Breite, aber keine Höhe oder Tiefe. Eine ebene Fläche, etwa eine Tischplatte, nennt man eine **Ebene**.

Eine bestimmte Art von Ebene heißt **Polygon** oder Vieleck. Seine Seiten sind gerade Linien. Sind alle Seiten außerdem gleich lang, so ist es ein regelmäßiges Polygon.

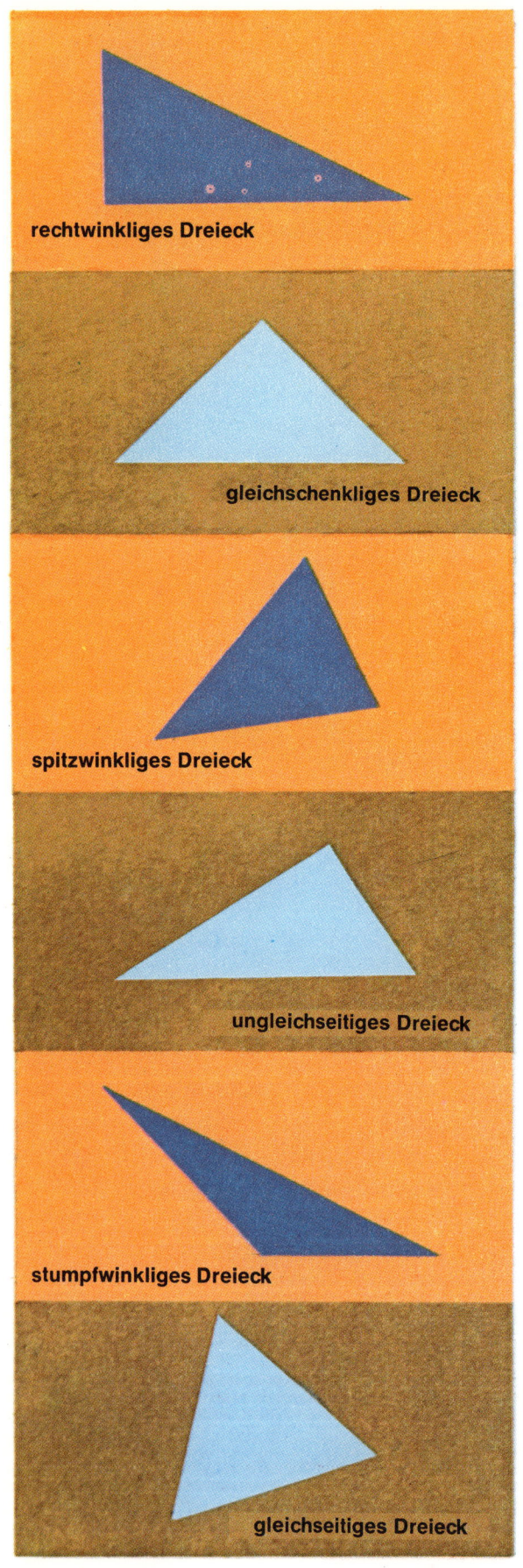

rechtwinkliges Dreieck

gleichschenkliges Dreieck

spitzwinkliges Dreieck

ungleichseitiges Dreieck

stumpfwinkliges Dreieck

gleichseitiges Dreieck

Ein Polygon muß mindestens drei Seiten haben; dann ist es ein **Dreieck**. Mathematiker haben herausgefunden, daß es zwei Grundsätze gibt, die für alle Dreiecke gelten:

Die Summe aller Winkel eines Dreiecks beträgt immer 180°.

Die Länge einer Seite ändert sich entsprechend der Größe des gegenüberliegenden Winkels. Der längsten Seite liegt der größte Winkel gegenüber. Es gibt grundsätzlich sechs Arten von Dreiecken:

Ein **rechtwinkliges Dreieck** hat einen rechten Winkel, also einen von 90°. Die längste Seite liegt diesem Winkel gegenüber.

Ein **gleichschenkliges Dreieck** hat zwei gleich lange Seiten. Die Winkel, die diesen Seiten gegenüberliegen, sind also gleich.

Ein **spitzwinkliges Dreieck** hat nur spitze Winkel; das heißt, daß jeder Winkel kleiner ist als 90°.

Ein **ungleichseitiges Dreieck** hat drei Seiten von verschiedener Länge.

Ein **stumpfes Dreieck** hat einen Winkel, der größer ist als 90°.

Ein **gleichseitiges Dreieck** hat drei gleiche Seiten und drei gleiche Winkel

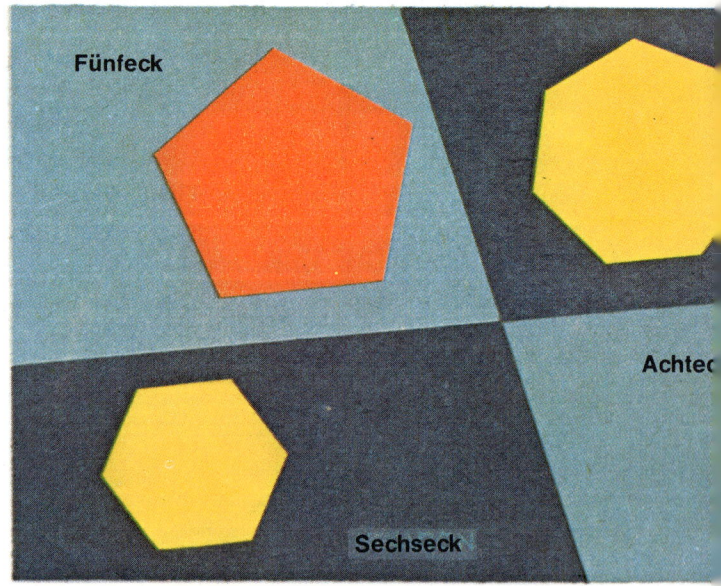

Fünfeck

Achteck

Sechseck

Was sind Vierecke?

Eine andere Art von Polygonen hat vier Seiten und heißt **Viereck**. Die Summe seiner vier Winkel beträgt immer 360°. Die Summe der Länge seiner Seiten heißt **Umfang**.

Ein **Parallelogramm** hat vier Seiten, von denen die einander gegenüberliegenden parallel sind.

Ein **Quadrat** hat vier gleiche Seiten, und jeder seiner vier Winkel hat 90°.

Ein **Rechteck** ist ein Parallelogramm mit vier Winkeln von je 90°.

Ein **Rhombus** hat vier gleiche Seiten. Zwei seiner Winkel sind stumpf, das heißt größer als 90°.

Ein **Trapez** hat nur zwei parallele Seiten.

Ein **Trapezoid** hat keine parallelen Seiten.

Regelmäßige und unregelmäßige Polygone (Polygon heißt Vieleck) können mehr als drei oder vier Seiten haben. Zum Beispiel hat ein **Pentagon** fünf Seiten, ein **Hexagon** sechs, ein **Heptagon** sieben, ein **Oktagon** acht und ein **Dodekagon** zwölf Seiten.

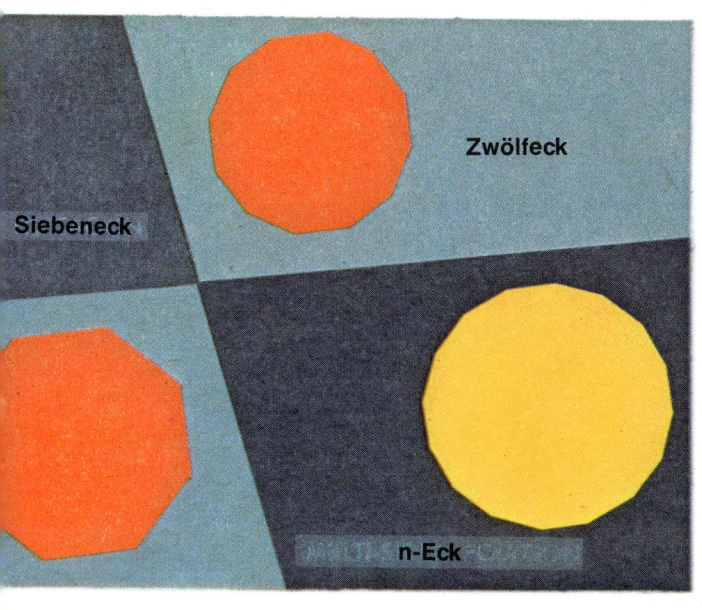

Siebeneck

Zwölfeck

n-Eck

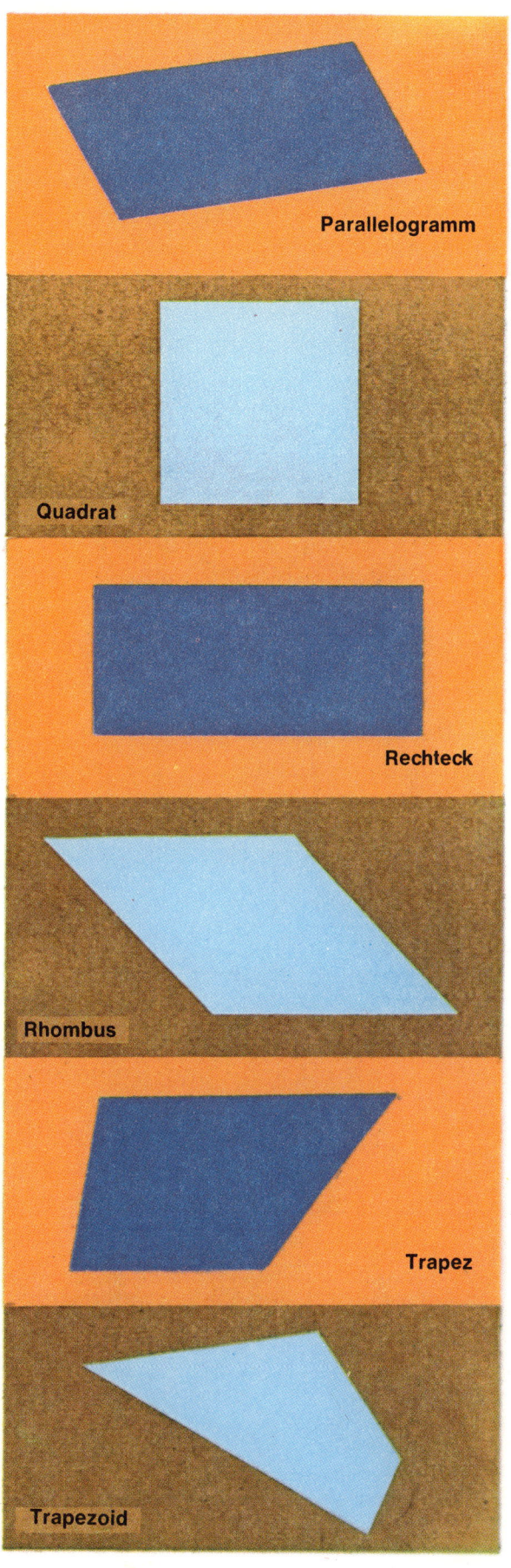

Parallelogramm

Quadrat

Rechteck

Rhombus

Trapez

Trapezoid

Wenn die Zahl der Seiten wächst und sich der Zahl Unendlich nähert, nimmt das regelmäßige Polygon eine neue Gestalt an. Es wird zum Kreis. Ein Kreis ist eine gekrümmte Linie, auf der jeder Punkt den gleichen Abstand vom Mittelpunkt hat. Die **Kreislinie** oder **Peripherie** ist die äußere Grenze.

Was ist ein Kreis?

Der **Radius** ist eine gerade Linie vom Mittelpunkt zur Peripherie.

Der **Durchmesser** ist eine gerade Linie durch den Kreismittelpunkt.

Eine **Tangente** ist eine gerade Linie außerhalb des Kreises, die nur einen Punkt der Kreislinie berührt.

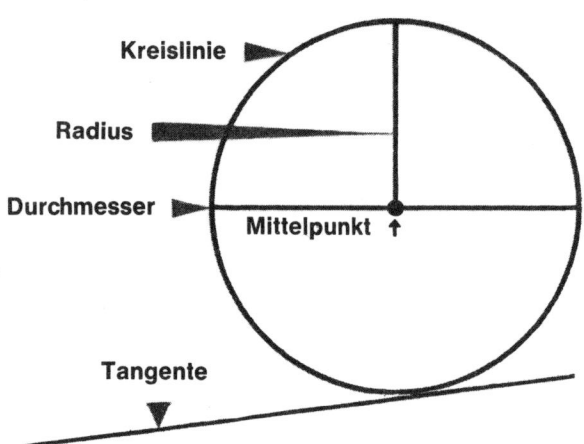

Zylinder und **Polyeder**. Polyeder sind Körper mit Länge, Breite und Höhe. Jede Fläche daran ist ein Polygon. Es gibt nur fünf regelmäßige Polyeder.

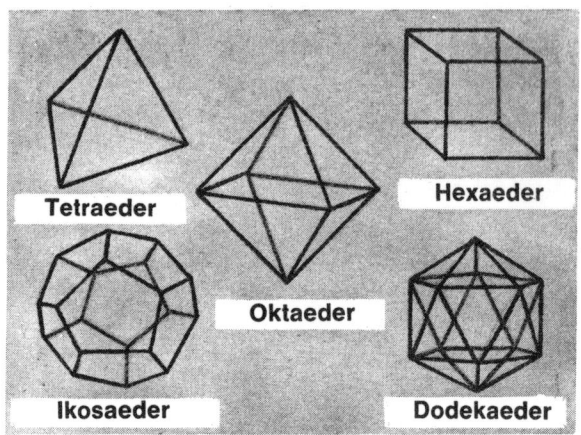

Tetraeder — Hexaeder — Oktaeder — Ikosaeder — Dodekaeder

Ein **Tetraeder** oder eine Pyramide hat vier Flächen; jede stellt ein gleichseitiges Dreieck dar.

Ein **Hexaeder** oder Kubus oder Würfel hat 6 Flächen; jede ist ein Quadrat.

Ein **Oktaeder** hat 8 Flächen; alle Flächen sind gleichseitige Dreiecke.

Ein **Dodekaeder** hat 12 Flächen; jede ist ein Pentagon.

Ein **Ikosaeder** hat 20 Flächen; alle sind gleichseitige Dreiecke.

Wenn wir zur Länge und Breite einer Fläche noch eine Höhe hinzufügen, verlassen wir die ebene Geometrie und kommen zur Stereometrie. Auf diesem Gebiet der Mathematik treffen wir auf vier Grundfiguren: **Kugel**, **Kegel**,

Was ist Stereometrie?

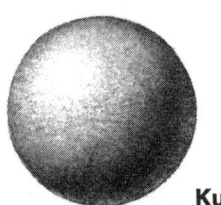

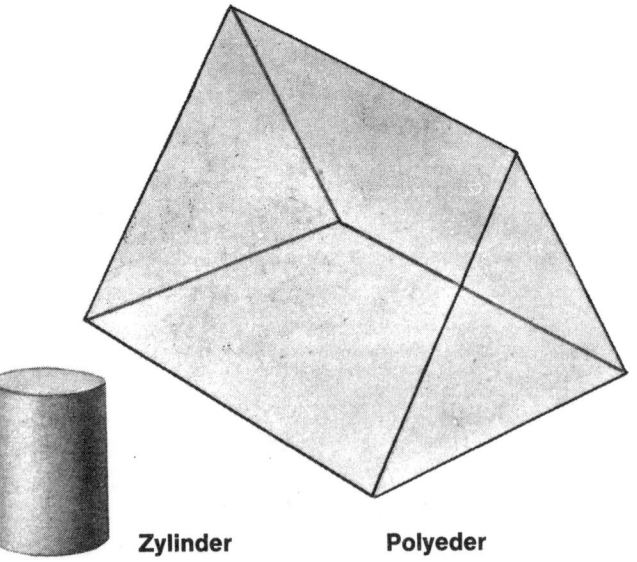

Kugel — Kegel — Zylinder — Polyeder

Mathematische Zeichen und Begriffe

+   Plus: Additionszeichen: $3 + 4$

—   Minus: Subtraktionszeichen: $4 - 2$

·   Multiplikationszeichen: $4 \cdot 2$

:   Divisionszeichen: $8 : 2$

=   Gleich: $2 + 3 = 9 - 4$

≠   Nicht gleich: $3 + 4 \neq 4 - 2$

>   Größer als: $8 > 4$ oder 8 ist größer als 4

<   Kleiner als: $4 < 8$ oder 4 ist kleiner als 8

∞   Unendlich: Größer als irgendeine Zahl, die wir schreiben, aussprechen oder uns denken können

π Pi: Wird gebraucht zur Berechnung des Umfanges und der Fläche eines Kreises; es ist gleich 3,14159265

°   Grad: Einheit für Winkel; ein ganzer Kreis hat $360°$

′   Minute: Teil eines Grades; $1°$ hat 60′

″   Sekunde: Teil einer Minute; 1′ hat 60″

⊥   Senkrecht zu: Bildet einen rechten Winkel

‖   Parallel zu: Verläuft geradlinig, ohne sich je zu treffen

Multiplikation

$32 \cdot 14$

$\underline{128}$

32

$\overline{448}$

32 ... **Multiplikand:** Zahl, die multipliziert werden soll

14 ... **Multiplikator:** Zahl, mit der man multipliziert

448 ... **Produkt:** Resultat der Multiplikation

Division

$153 : 8 = 19$

$\underline{8}$

73

$\underline{72}$

1

153 ... **Dividend:** Zahl, die geteilt werden soll

8 ... **Divisor:** Zahl, durch die der Dividend geteilt werden soll

19 ... **Quotient:** Resultat der Division

1 ... **Rest:** übrigbleibende Zahl am Ende der Division, wenn die Division nicht aufgeht

Brüche

$\dfrac{4}{9}$ **Zähler:** zeigt Anzahl der Bruchteile

Nenner: Zahl unter dem Bruchstrich, die den Zähler teilt und die angibt, in wie viele Teile das Ganze geteilt ist

$\dfrac{6}{7}$ **Echter Bruch:** Zähler kleiner als Nenner

$\dfrac{13}{4}$ **Unechter Bruch:** Zähler größer als Nenner

$2\frac{1}{4}$ **Gemischte Zahl:** Eine ganze Zahl und ein Bruch

Einige Zeichen der Mengenlehre

M	Menge	**{ }**	Leermenge
G	Grundmenge	**∩**	Durchschnitt
U	Vereinigungsmenge (A und B = A∪B)	**A ∈ M**	gelesen: A ist Element von M
		A ∉ M	gelesen: A ist nicht Element von M
R	oder \Restmenge: A\B, gelesen: A ohne B	**⊆**	Teilmenge; enthalten in . . .
		⊂	echte Teilmenge

Die Zahlen 412 und 124 sind mit den

Was ist ein Positionssystem?

gleichen Ziffern geschrieben; wir wissen aber, daß sie unterschiedliche Zahlenwerte darstellen. Der Wert einer Zahl hängt nicht nur vom Zahlzeichen ab, sondern auch davon, an welcher Stelle sie in einer mehrstelligen Zahl steht. Darum nennt man eine solche Zahlenschreibweise ein „Stellenwertsystem" oder „Positionssystem".
Betrachten wir zum Beispiel einmal die Zahl 2134.
$2134 = 2 \cdot 1000 + 1 \cdot 100 + 3 \cdot 10 + 4$
Die Ziffer 2 bekommt also den tausendfachen Wert, weil sie, von rechts gezählt, an vierter Stelle in unserer Zahl steht; Ziffer 1 wird verhundertfacht, weil sie an dritter Stelle steht, und die 3 an zweiter Stelle wird verzehnfacht. Die erste Ziffer

von rechts zeigt immer die Anzahl der Einer an, hier also 4. Wollen wir Potenzen verwenden, schreiben wir:
$2134 = 2 \cdot 10^3 + 1 \cdot 10^2 + 3 \cdot 10^1 + 4 \cdot 10^0$.
Da unser Stellenwertsystem auf den Zehnerpotenzen beruht, nennt man unser Zahlensystem ein „dekadisches Positionssystem".
Man kann auch Potenzen anderer Zahlen für ein Stellenwertsystem verwenden. Überlegen wir uns einmal ein Positionssystem, das sich nicht auf die 10, sondern auf die Zahl 3 gründet.
$2 \cdot 3^3 + 1 \cdot 3^2 + 0 \cdot 3^1 + 1 \cdot 3^0$ müßte man im Dreierstellensystem schreiben: 2101. Umgerechnet in eine Zehnerzahl ergibt es: $3 \cdot 27 + 1 \cdot 9 + 0 \cdot 3 + 1 \cdot 1$
$= 81 + 9 + 0 + 1 = 91$
Wir müssen beachten, daß wir im Dreierstellensystem nur Zahlzeichen für 0, 1 und 2 verwenden können, denn schon die Zahl 3 steht als 1 in der zweiten Position.

Die Mathematik der Frühgeschichte

Wir wissen nicht, wann die frühen Menschen begannen, anstatt der Zeichensprache die gesprochene Sprache zu gebrauchen, um sich mit ihrer Familie und ihren Nachbarn zu verständigen; aber wir wissen, daß die Menschen schon viele Jahrtausende lang Worte sprachen, bevor sie lernten, diese Worte niederzuschreiben. Ebenso vergingen Tausende von Jahren, bis der Mensch, nachdem er längst gelernt hatte, Zahlen zu nennen, Zeichen für diese Zahlen

Viele primitive Völker benutzten Kieselsteine, wie wir die Kugeln an einer Rechenmaschine gebrauchen. Die Inkas in Peru (Bild unten) verwendeten Knotenschnüre.

Die frühen Menschen kannten nur „eins" und „zwei"; jede größere Anzahl wurde als „viele" bezeichnet.

Das Einkerben eines Stockes als Zählwerkzeug gab es schon in den frühesten Zeiten. Jede Kerbe bedeutete eine „eins".

gebrauchte, zum Beispiel das Zeichen „3" für das Wort „drei". Die Menschen brauchten die Zahlen. Vielleicht fing es damit an, daß ein Höhlenmensch den Säbelzahntiger, den er erbeutet hatte, bei seinem Nachbarn gegen drei Speere eintauschen wollte. Oder vielleicht begann es auch damit, daß der Junge eines Höhlenbewohners seinen Brüdern und Schwestern von den vier großen Mammuts erzählen wollte, die er gesehen hatte.

Zuerst gebrauchte der Mensch der Frühzeit die Zeichensprache, um die Zahl auszudrücken, die er meinte. Er hat vielleicht auf die drei

Wie zählten die Menschen der Vorzeit?

Speere in der Höhle seines Nachbarn gezeigt, gegen die er den erbeuteten Säbelzahntiger zu seinen Füßen tauschen wollte. Er hat vielleicht seine Finger gebraucht, um die Zahl anzuzeigen. Drei ausgestreckte Finger an einer Hand bedeutete „drei", ganz gleich, ob er drei Speere, drei Säbelzahntiger, drei Höhlen oder drei Pfeilspitzen meinte. Im täglichen Gebrauch wissen wir, daß eine „Zahl" ein Wort oder ein Sinnbild ist, das eine bestimmte Menge (Anzahl) anzeigt. Die Zahl allein sagt aber nicht, um was für Dinge es sich handelt. So kann zum Beispiel „drei" oder 3 drei Flugzeuge, drei Federn oder drei Schulbücher bedeuten.

Anfangs konnten die Menschen nur bis zwei zählen. Noch heute gibt es Menschengruppen, zum Beispiel bei den Ureinwohnern Australiens, den Aborigines, die nur drei Zahlen kennen: „eins", „zwei" und „viele". Wenn ein Uraustralier drei oder mehr Bumerangs hat, selbst wenn er 10 oder gar 50 hätte, gibt er für deren Zahl „viele" an. Viele frühe Völker zählten aber schon bis 10, so viel, wie sie Finger an den Händen hatten. Andere zählten bis 20, nahmen also die Anzahl ihrer Finger und Zehen. Wenn wir mit den Fingern zählen, macht es nichts aus, ob wir mit dem Daumen oder mit dem kleinen Finger beginnen. Bei anderen Völkern gab es dafür aber feste Regeln. Die Zuni-Indianer zum Beispiel fingen immer mit dem kleinen Finger der linken Hand an zu zählen; die Otomaks in Südamerika begannen mit dem Daumen.

Als die Menschen sich weiterentwickelten, gebrauchten sie Stöcke, Kieselsteine oder Muschelschalen, um Zahlen darzustellen. Man legte drei Stöcke oder Steine nebeneinander, um zu zeigen, daß man drei meinte. Andere machten Kerben in einen Stock oder Knoten in ein Tau, um Zahlen darzustellen; so konnte man sie auch mitnehmen oder aufbewahren.

Die ältesten geschriebenen Zahlen, die man gefunden hat, wurden in Ägypten und Mesopotamien um 3000 v. Chr. gebraucht; diese Völ-

Wer erfand die Zahlzeichen?

ker, die weit voneinander entfernt lebten, entwickelten unabhängig voneinander eine Zahlenreihe. Ihre einfachen Zahlzeichen, 1, 2 und 3, waren Nachahmungen der Stöcke und Kerben der Höhlenmenschen. Es ist interessant, daß in vielen Zahlensystemen, die man in der ganzen Welt gefunden hat, die 1 als einzelner Strich (entsprechend dem Stock) oder als Punkt (Kieselstein) geschrieben wird.

Ägyptisch	❘	Babylonisch	𒁹
Frührömisch	❘	Chinesisch	⌐
Frühhindu	੧	Maya	•

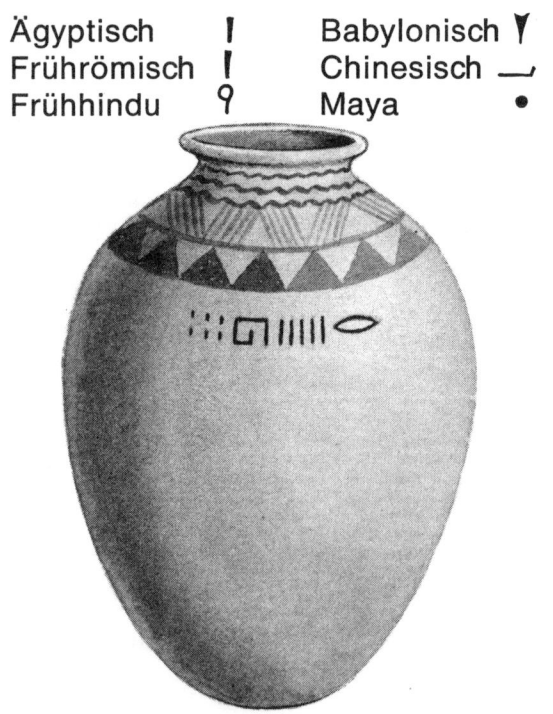

Zeichen auf ägyptischen Krügen gaben oft den Rauminhalt an.

Die Babylonier schrieben ihre Zahlen auf Tontafeln.

Chinesische Zahlen		Römische Zahlen	
～ = 1		III = 3	
		IV = 4	
≈ = 3		V = 5	
		VIII = 8	
五 = 5		X = 10	
		XXX = 30	
九 = 9		XL = 40	
		L = 50	
十 = 10		C = 100	

Die alten Ägypter schrieben ihre Zahlzeichen auf Papyrus (ein besonderes Papier aus Schilfrohr), malten sie auf Tongefäße oder meißelten sie in die Wände ihrer Tempel und Pyramiden.

Wie schrieb man Zahlen im Altertum?

Die Babylonier hatten von den Sumerern gelernt, wie man Zahlzeichen und Zeichen für Dinge mit einem Rohrgriffel in weiche Tontafeln schreibt. Die Chinesen schrieben ihre Zahlen mit Tinte und einem Bambuspinsel oder einer Feder auf Stoff. Ohne Berührung mit der übrigen Welt entwickelten die Mayas in Mittelamerika eines der interessantesten Zahlsysteme der Frühzeit. Sie benutzten für ihre Zahlzeichen nur drei Symbole: einen Punkt •, eine gerade Linie —— und ein Oval ⊙.

So schrieben die Mayas die Zahlen bis 19.

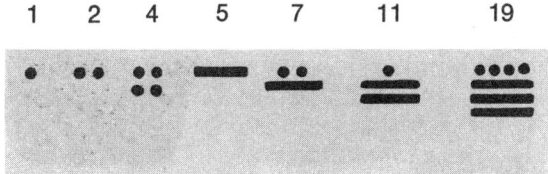

1	2	4	5	7	11	19

Im alten Ägypten ebenso wie in China, Griechenland und Rom wurden besondere Zeichen gebraucht, um große Zahlen auszudrücken. Diese Erfindung war ein großer Fortschritt beim Zahlenschreiben. Man stelle sich die Schwierigkeit und die Zeit vor, die man gebraucht hätte, um eine Million durch Einkerben einzelner Schnitte in Stöcke oder durch Aufreihen einzelner Steine in den Sand darzustellen. Rechnet man nur eine Sekunde, um eine Kerbe zu machen oder einen Stein hinzulegen, so würde man 278 Stunden oder 11 Tage und 14 Stunden ununterbrochen zählen müssen, um eine Million zu erreichen.

Wie lange schreibt man an einer Million?

Hier einige Beispiele, wie die alten Völker große Zahlen schrieben: Die alten Ägypter schrieben 100 wie ℑ und 1000 wie ⚘.

Wie schrieb man früher große Zahlen?

Die alten Babylonier gebrauchten ein kompliziertes System. Ihr Zahlzeichen für 50 war ⟩⟩⟨ . Dieses Zeichen bestand aus 60 ⟩ , aus ihrem Zeichen

15

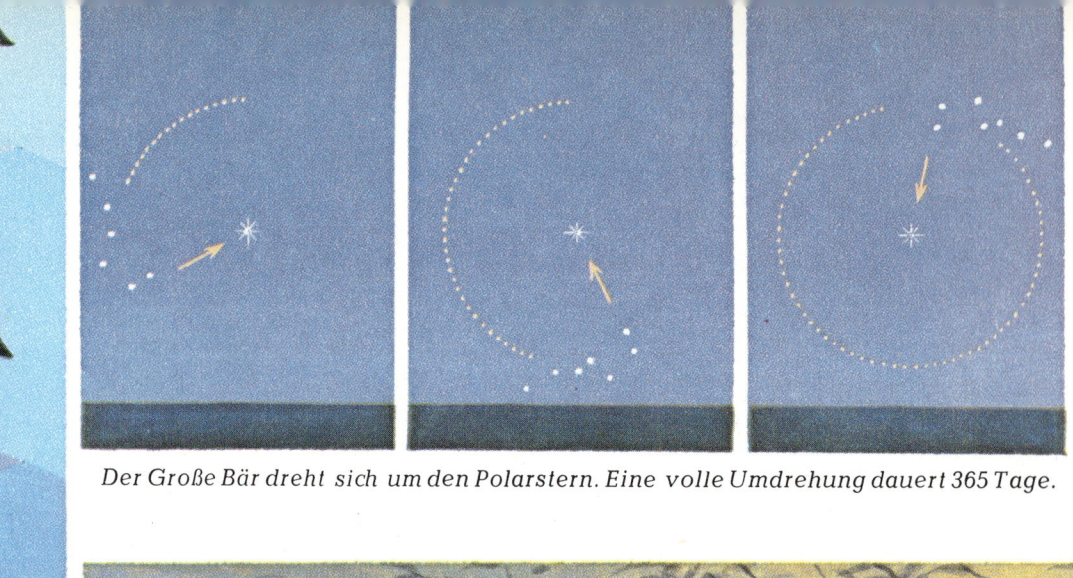

Der Große Bär dreht sich um den Polarstern. Eine volle Umdrehung dauert 365 Tage.

Die Urmenschen fanden abends ihren Weg nach Hause, indem sie sich nach der sinkenden Sonne richteten. Der Sonnenstand war für unsere Urahnen der erste Wegweiser.

für minus ▼► und ihrem Zeichen für 10 ◄ (50 = 60 − 10). Später änderten sie die Schreibweise ihrer Zahlen, darauf kommen wir noch.

Im altchinesischen Zahlensystem war das Zeichen für 100 ☐ , während ☐ 1000 bedeutete.

Die Römer schrieben in der Frühzeit für 100 ein C (von centum = 100); es wurde auch später beibehalten. Das frührömische Zahlzeichen für 1000 war CIƆ°°, woraus dann später ein M (von mille = 1000) wurde.

Wenn die Mayas große Zahlen schreiben wollten, schrieben sie sie untereinander. Dieses Untereinanderstellen bedeutete Multiplikation. Ihr Zeichen für 100 war ☐ das heißt 5 ▬ mal 20 ☐ .

Jeder Fortschritt der Zivilisation brach-

Warum sind Zahlzeichen so wichtig?

---

te es mit sich, daß immer mehr Zahlen gebraucht wurden. Wenn jemand eine Herde besaß, wollte er wissen, wie viele Tiere es waren. Wenn man eine Pyramide bauen wollte, mußte man wissen, wie viele Steine dazu nötig wurden. Beim Handel auf den Märkten und von Land zu Land mußte gerechnet werden. Und als die Menschen es lernten, mit ihren Zahlzeichen zu rechnen, konnten sie die Zeit, Entfernungen, Flächen und Inhalte berechnen. Durch den Gebrauch der Zahlzeichen wuchsen die Kenntnisse und Fähigkeiten des Menschen, die Natur für seine Zwecke zu nutzen.

Die Urmenschen hatten noch keine

Wie stellte man früher die Richtung fest?

Städte und keine Dörfer; auf der Jagd nach Nahrung streiften sie umher. Es gab weder Straßen mit Richtungsanzeigern noch Landkarten;

die Menschen konnten sich nur nach dem Stand der Sonne und den Sternen richten. Sahen zum Beispiel Küstenbewohner die Sonne aus dem Meer aufsteigen und abends hinter den Bergwäldern verschwinden, so lernten sie bald, daß sie der sinkenden Sonne entgegengehen mußten, um zu den Bergen zu kommen, und daß sie wieder zur Küste kamen, wenn sie der aufgehenden Sonne entgegengingen. Sie beobachteten den nächtlichen Sternenhimmel und entdeckten Sternbilder, die während der Nacht über den Himmel wanderten. Auf der nördlichen Halbkugel bewegten sich die Sterne in einem Kreis um einen festen Punkt, den Nordstern. Die frühen Menschen benutzten diesen Stern als Wegweiser.

Die Mondphasen wurden zum ersten

Wie maßen die Frühmenschen die Zeit?

Kalender des Menschen. Der volle Mond nimmt ab, wird zur schmalen Sichel, verschwindet schließlich ganz und wächst dann wieder zu einer vollen, kreisrunden Scheibe an. Die Menschen entdeckten, daß der Kreislauf des Jahres ungefähr 12 Vollmonde oder 360 Tage dauerte. Das war die erste Messung der Länge eines Jahres.

Die Beziehung zwischen der Wiederkehr der Jahreszeiten und der Stellung der Sonne und der Sterne war die nächste Beobachtung zur Bestimmung des Zeitablaufs. Dann beobachteten die Ägypter, daß die Sonne und der helle Fixstern Sirius sich nur einmal im Jahr in bestimmter Stellung zueinander befanden: Wenn die Sonne im Westen unterging, tauchte der Sirius im Osten am Horizont auf. Man zählte die Tage und fand, daß dieser Vorgang sich alle 365 Tage wiederholte. Schon um 4000 v. Chr. bestimmten die Ägypter damit die Länge des Jahres.

Sonnenuhren waren die ersten „Uhren". Der Obelisk wirft seinen Schatten auf den Boden. Der Kreisbogen, den die Spitze des Obelisken von Sonnenaufgang bis Sonnenuntergang auf den Boden zeichnet, wurde unterteilt. Diese Teilung gab die Stunden an.

Der Schatten, den die Sonne während ihres Tagesablaufs wirft, wurde zur ersten Sonnenuhr. Vom Aufgang der Sonne bis zu ihrem Versinken

Was ist eine Sonnenuhr?

ändert der Schatten eines Baumes ununterbrochen seine Länge und seine Richtung. Danach konnte man die Tageszeiten bestimmen. Die ersten Sonnenuhren waren noch einfach. Sie bestanden aus einem Stock, den man senkrecht in die Erde steckte, oder einem hohen Stein oder einem Obelisken. Später wurde die Sonnenuhr durch arabische Mathematiker wesentlich verbessert.

Ägypter, die vor mehr als 5000 Jahren lebten, werden die ersten praktischen Mathematiker genannt. An der modernen Mathematik gemessen, war

Wer waren die ersten Mathematiker?

ihre Mathematik jedoch noch verhältnismäßig sehr einfach. Als die Ägypter begannen, Pyramiden zu bauen, zählten sie noch an ihren Fingern. Dennoch trugen sie wesentlich dazu bei, die Mathematik zu entwickeln. Ihre Priester, die zugleich Mathematiker waren, leiteten den Bau von Tempeln und von Pyramiden, die als Gräber für die Pharaonen errichtet wurden.

Diese Priester waren also auch Baumeister und Ingenieure; sie zeichneten Baupläne, wie sie ähnlich auch heute noch gebraucht werden. Diese Pläne verlangten genaue Messungen. Die groben Messungen, die bis dahin bekannt waren, genügten ihnen nicht. Die ägyptischen Tempel und Pyramidenbauten schufen ein neues Maßsystem.

Ihr Maßsystem gründete sich auf den menschlichen Körper. Die wichtigste Einheit war eine „Elle", die durchschnittliche Entfernung vom Ellbogen

Wie lang ist eine Elle?

bis zu den Fingerspitzen. Jede Elle war in sieben „Handbreiten" eingeteilt und jede Handbreite in vier „Fingerbreiten".

Nach heutigem Maß mißt eine Elle ungefähr 48 Zentimeter.

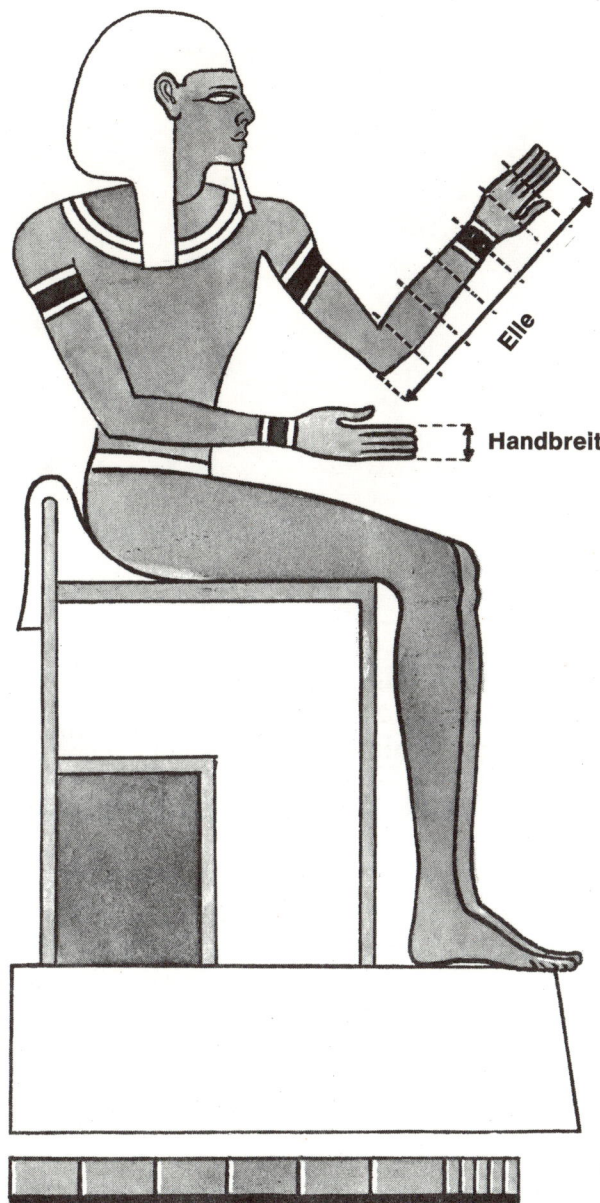

Die Ägypter fertigten Metallstäbe an, die einer Elle entsprachen; durch Markierungen unterteilten sie die Elle in Hand- und Fingerbreiten. Die Elle wurde jahrtausendelang von vielen Völkern als Längenmaß gebraucht, doch hatte sie nicht überall gleiche Länge.

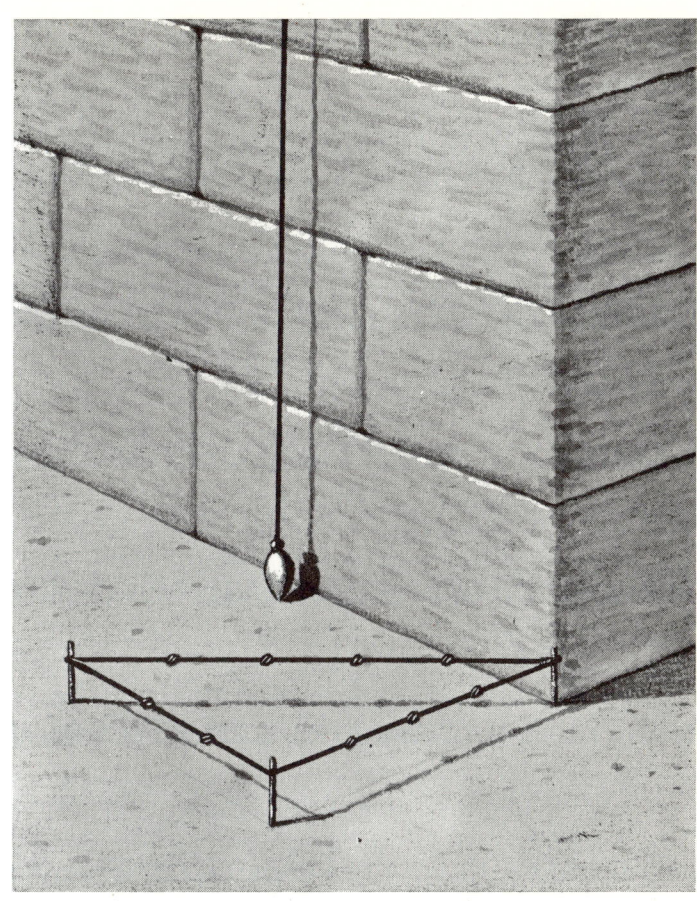

Die Ägypter verwendeten das Lot und Dreiecke aus geknoteten Schnüren.

Eines der schwierigsten Probleme beim Bau der Tempel und Pyramiden war die Herstellung einer genau waagerechten Grundfläche. Ein Irrtum bedeutete, daß die ganze Pyramide schief werden würde. Die genaue Senkrechte wurde mit Hilfe einer Schnur, an der ein Gewicht hing, mit einem Lot also, bestimmt. Die Fläche des Bodens mußte zur Senkrechten des Lots einen rechten Winkel bilden.

Wie machte man eine rechtwinklige Ecke?

Diese Baumeister entdeckten auch, wie man mit Hilfe einer Meßschnur, die in regelmäßigen Abständen von 3, 4 und 5 Maßeinheiten Knoten hatte, rechtwinklige Dreiecke herstellen konnte; diese dienten ihnen dann zum Bau rechtwinkliger Räume und Mauerecken.

19

Ein anderes Problem, das die Tempel- und Pyramiden-bauer lösten, war die Berechnung der Fläche, die Frage also, wieviel ebener Boden innerhalb der gegebenen Grenzen vorhanden war. Wie oder wann man das Quadrat zuerst verwandte, um Flächen zu messen, ist unbekannt. Vielleicht kam die erste Anregung hierzu beim Auslegen der Tempelböden mit viereckigen Ziegeln. War ein Raum acht Ziegel lang und acht Ziegel breit, so sah man, daß man 64 Ziegel zum Bedecken des Bodens brauchte. Ein anderer Raum von acht Ziegeln Breite und zehn Ziegeln Länge erforderte 80 Ziegel. Man lernte daraus, daß die Fläche eines Quadrates oder eines Rechtecks gleich Breite mal Länge war: also Fläche = Breite · Länge.

Wie fand man das Flächenmaß?

Die Landvermessung erforderte ebenfalls mathematische Kenntnisse. Die Priester ließen das Ackerland vermessen, weil die Steuern nach der Größe der Bodenfläche berechnet wurden. Die jährliche Nilüberflutung schwemmte aber alle Grenzsteine weg; so mußte jedes Stück Land Jahr für Jahr neu vermessen werden. Die Landvermesser benutzten zu ihrer Arbeit ein Seil, das in gleichen Abständen 12 Knoten hatte. Mit diesem Seil wurden rechtwinklige Dreiecke gelegt. Die Ägypter fanden heraus, daß zwei rechtwinklige Dreiecke ein Quadrat oder ein Rechteck ergaben.

Mit Hilfe dieser Regel konnten sie die Fläche jedes rechtwinkligen Dreiecks messen. Die Fläche war die Hälfte der Grundfläche multipliziert mit der Höhe, also Fläche = $\frac{1}{2}$ Grundlinie · Höhe. Viele Jahre vergingen dann, bis sie entdeckten, daß man diese Formel auf jedes Dreieck anwenden kann, auch wenn es keinen rechten Winkel hat.

Wer waren die Mathematiker in Mesopotamien?

Ungefähr 1600 Kilometer ostwärts des Nils liegt das breite Tal des Tigris und Euphrats, auch als Mesopotamien bekannt. Vor Jahrtausenden war dieses Land die Heimat der Sumerer, Chaldäer, Assyrer und Babylonier. In mancher Hinsicht war ihre Gesellschaft ähnlich wie die ägyptische aufgebaut; ihre Priester waren auch Mathematiker. Die Bewohner Mesopotamiens trieben Handel mit anderen Ländern, im Westen mit Libanon, im Norden mit Kleinasien, im Osten mit Indien und vielleicht sogar mit China.

Was wir von ihrer Mathematik wissen, haben uns die Tontafeln erzählt, auf denen sie schrieben. Die Babylonier besaßen schon um 2500 v. Chr. ein beträchtliches mathematisches Wissen. Von den Sumerern hatten sie die Keilschrift übernommen, in der sie ihre Buchstaben und Ziffern schrieben. Wir

In jedem Jahr mußte das Land am Nil nach der großen Überschwemmung neu vermessen werden. Die ägyptischen Priester-Mathematiker entdeckten die Beziehung zwischen Drei- und Rechtecken.

Die Babylonier schrieben ihre Zahlen mit dem Rohrgriffel in noch weiche Tontäfelchen. Sie waren es, die das Stellenwertsystem erfanden.

verdanken diesen Völkern mehrere unserer mathematischen Begriffe und Bezeichnungen.

Bei uns in Europa ist das Dezimalsystem erst seit etwa 900 Jahren bekannt. Es wurde um das Jahr 500 v. Chr. in Indien erfunden, und es hat

Das babylonische Positionssystem

lange gedauert, bis es durch die Araber über Spanien nach Europa kam. Auch dann vergingen noch einige Jahrhunderte, bis es sich endgültig durchsetzte. Das Stellenwertsystem haben aber 2500 Jahre vor den Indern schon die Babylonier entdeckt und ihr älteres Zahlsystem damit ersetzt.

Die Babylonier haben ein Sechziger-System entwickelt. Dazu hätten sie eigentlich für die Zahlen 1 — 59 eigene Zahlzeichen verwenden müssen. Sie haben sich aber auf einfache Weise mit nur 2 Schriftkeilen beholfen: mit einem

senkrechten Keil 𒁹 bezeichneten sie die 1, und mit einem Winkelhaken 𒌋 bezeichneten sie die Zehn.

Damit schrieben sie die Zahlen 1 — 59 folgendermaßen:

1 = 𒁹		10 = 𒌋	
2 = 𒁹𒁹		20 = 𒌋𒌋	
3 = 𒁹𒁹𒁹		30 = 𒌋𒌋𒌋	
4 =	oder	40 =	
5 =		50 =	
6 =			
7 =	oder		
8 =	oder		
9 =			

Ein Beispiel für babylonische Zahlen:

Man muß sie sich so aufteilen

$$= 2 \cdot 60^2 + 12 \cdot 60^1 + 24 \cdot 60^0$$
$$= 7200 + 720 + 24 = 7944$$

Das 4000 Jahre alte babylonische Zahlsystem, das von 60 ausgeht, ist bei uns noch täglich in Gebrauch. Die Einteilung unseres Jahres in 12 Monate, der Stunden in 60 Minuten und der Minuten in 60 Sekunden geht auf die Babylonier zurück. Das gleiche gilt für unsere Einteilung des Kreises in 360°. Wir nennen dies Zahlsystem das Sexagesimalsystem.

Wer erfand die Null?

Einen Nachteil hatte dieses System fürs erste: man kannte kein Zeichen für Null. Zunächst behalf man sich gelegentlich, indem man einen Platz frei ließ: $= 11 \cdot 60^1 + 1 \cdot 60^0 = 661$. Schon um 2000 v. Chr. begannen einige Babylonier, ein Trennungs- oder Fehlzeichen zu verwenden, um beispielsweise die Zahl 61 = von der 2 = unterscheiden zu können. Um 500 – 200 v. Chr. war dies Zeichen für die Null allgemein üblich. Erst 700 bis 1000 Jahre später haben die Inder die Null erfunden.

Seeleute, Sonne und Sterne

Ungefähr 800 Kilometer nordostwärts von Ägypten und etwa 800 Kilometer nordwestlich von Mesopotamien liegt am Mittelmeer die syrische Küste. Hier, im alten Land Phönizien, lebte vor mehr als 3500 Jahren ein Seefahrervolk. Von den Häfen Tyrus und Sidon aus segelten phönizische Seeleute über das Mittelmeer. Schon vor rund 3000 Jahren hatten ihre Schiffe den westlichen Teil des Mittelmeeres durchfahren und waren zweifellos an Gibraltar vorbei nordwärts nach England und südwärts die afrikanische Küste entlang gesegelt. Obwohl ihre kleinen Schiffe sehr robust waren, hielten sie sich immer in Küstennähe, um bekannten Landmarken nahe zu bleiben. Im Laufe der Zeit wagten sie sich dann auch auf das offene Meer hinaus — aber erst, nachdem sie das grundlegende Wissen für die Navigation erworben hatten.

So sahen die phönizischen Seeleute, wie ein Berg aus dem Wasser auftauchte, je mehr sie sich näherten. Sie schlossen daraus: die Erde ist rund.

In ihren Hafenstädten sahen die Phönizier am Horizont die Mastspitzen der heimkehrenden Schiffe. Wenn die Boote näher kamen, konnten

Wie erkannten die Phönizier die Kugelgestalt der Erde?

sie die Segel und zuletzt das ganze Schiff sehen. Auf See konnte ein Matrose auf dem Mast weit entfernte Landmarken erblicken, die man unten auf Deck nicht sehen konnte. Die Erde konnte also nicht flach sein, wie man in anderen Teilen der Alten Welt glaubte; die Phönizier folgerten, daß die Erde eine Kugel ist. Erst viele Jahrhunderte später nutzten die Griechen und Römer dies Wissen, um Messungen auf See vorzunehmen.

Wie mißt man Entfernungen auf See und auf dem Lande?

Wie weit ist es bis zum Horizont?

Wenn man auf einem Berg oder auf einem hohen Gebäude steht, sieht man ebenso weit wie einst der phönizische Matrose hoch im Krähennest auf dem Mast.

Wir zeichnen die Erdkugel und darauf übertrieben groß einen Mann im Krähennest, wie er Umschau hält, soweit er sehen kann. Auf der Zeichnung ist der Mann Punkt A. Seine Höhe über der

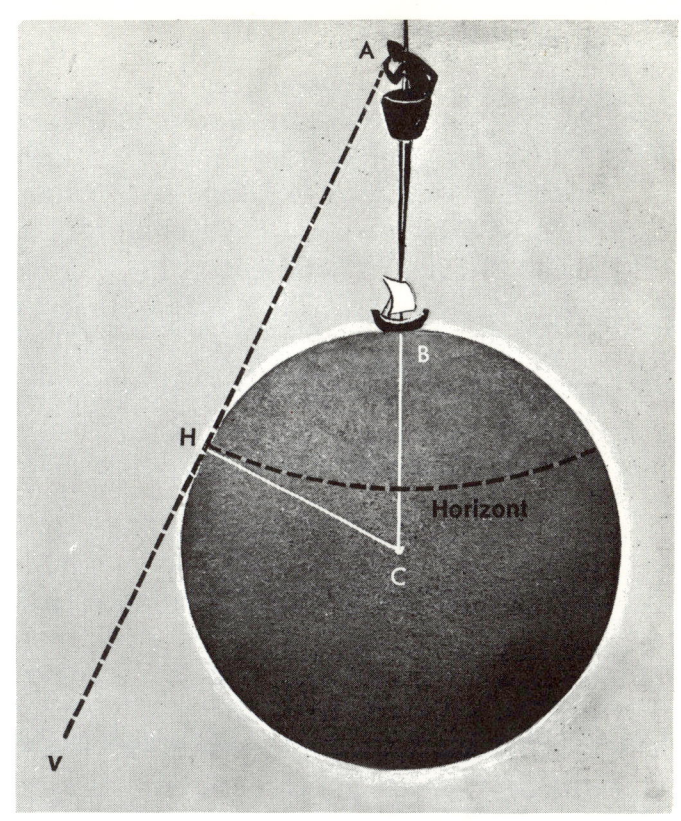

Erde ist dann AB. Die Linie BC ist der Erdradius, eine Linie vom Mittelpunkt bis an die Oberfläche. Sie ist rund 6368 Kilometer lang. Der Mann blickt entlang der Linie AHV bis zu dem Punkt H, an dem sich der Himmel und das Meer zu treffen scheinen. Nur an diesem Punkt berührt die Linie die Erde. Wenn er rund um sich blickt, soweit er sehen kann, bilden diese Berührungspunkte zusammen auf der Erdkugel einen Kreis. Diese Kreislinie nennt man Horizont. (Einen so großen Teil der Erde, wie ihn die hier eingezeichnete Horizontlinie angibt, sieht ein Mann in Wirklichkeit erst, wenn er sich mehrere tausend km von der Erde entfernt in einem Satelliten befindet.) Will der Seemann die Entfernung zum Horizont messen, so gebraucht er die mathematische Formel $d = 2,081$ mal $\sqrt{h}$. Hier bedeutet d die Entfernung zum Horizont in Seemeilen und h die Höhe über der Meeresoberfläche in Metern. Versuchen wir ein Beispiel:

Der Mann befindet sich im Mastkorb eines Schiffes 9 Meter über der Meeresoberfläche. Wie weit ist der Horizont

entfernt? Wir gebrauchen die Formel 2,081 · $\sqrt{9}$. Die Quadratwurzel von 9 ist 3 (3 · 3 = 9). Unsere Antwort lautet also 2,081 · 3 = 6,243 Seemeilen oder, da eine Seemeile = 1,852 Kilometer ist, 6,243 · 1,852 = 11,562 Kilometer.

Wir halten eine Uhr so, daß sie waagerecht liegt und der Stundenzeiger auf die Sonne gerichtet ist. Süden liegt in der Mitte zwischen dem Stundenzeiger und der 12. Wenn zum Beispiel der Stundenzeiger um 5 Minuten nach 10 auf die Sonne zeigt, so liegt Süden mitten zwischen 10 und 12, also auf 11, und eine gedachte Linie, die man durch 11 und 5 zieht, zeigt nach Norden und Süden.

Wie wird die Uhr zum Kompaß?

Unten:
Der griechische Weise Thales zeigte, daß man die Höhe eines jeden Objektes berechnen kann, indem man seinen Schatten mißt und diesen mit dem Schatten vergleicht, den ein Meßstab wirft.

Der Beitrag der Griechen

Man ist heute der Ansicht, daß die Mathematik erst im Goldenen Zeitalter Griechenlands zu einer Wissenschaft wurde. Zwar entwickelten schon die Ägypter, Babylonier und Phönizier erstaunliche mathematische Kenntnisse, aber sie waren nur an der praktischen Mathematik interessiert, an den Berechnungen, die man für das tägliche Leben brauchte, zum Bauen, für die Seefahrt, den Handel und für die Astronomie. Sie fragten wenig oder überhaupt nicht nach zugrunde liegenden Theorien und allgemeinen Regeln. Erst die Griechen machten den Riesenschritt von der Praxis zur Theorie.

Unser Wissen von der griechischen Mathematik beginnt mit Thales von Milet, einem der sieben Weisen Griechenlands, der um 600 v. Chr. die Lehre von der Geometrie in Griechenland einführte. Die Ägypter wußten zwar, wie man die Höhe einer Pyramide an ihrem Schatten mißt, aber es war Thales, der das zugrunde liegende Gesetz in eine Formel brachte und nachwies, daß es für alle denkbaren Fälle gilt. Den Nachweis, daß ein Gesetz unter allen Bedingungen richtig ist, nennt der Mathematiker einen **Beweis**.

Wie kann man Höhen messen?

Man kann jede Höhe messen, wenn man die Lehrsätze des Thales anwendet. Alles, was man braucht, ist ein einfaches Meßinstrument, das sich aus Pappe und einem Stück Holz leicht herstellen läßt. Man schneidet ein Stück Pappe so, daß es 10 cm breit und 11 cm lang wird. Auf der unteren Kante, von rechts angefangen, trägt man das Maß in Zentimetern auf. Wenn man genauere Ergebnisse haben will, teilt man die Zwischenräume zwischen den Zentimeterstrichen noch in Zehntel, also in Millimeter. Dann werden die Teilstriche numeriert. Nun nimmt man ein schmales Stück Holz, etwa 1 cm dick und 10 cm lang, und schlägt zwei kleine Nägel in das Holz, wie die Zeichnung zeigt. Dann wird das Holz mit Leim oder Heftzwecken an der Pappe befestigt.

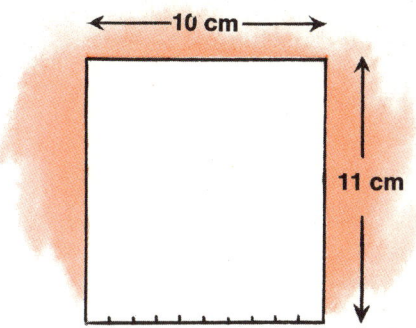

Nun nimmt man eine 15 cm lange Schnur und befestigt einen Nagel oder das Senkblei einer Angel an einem Ende. Das andere Ende wird genau unter dem Holz an der rechten Ecke der Pappe befestigt. Jetzt hat man ein Meßinstrument. Um die Höhe eines Gegen-

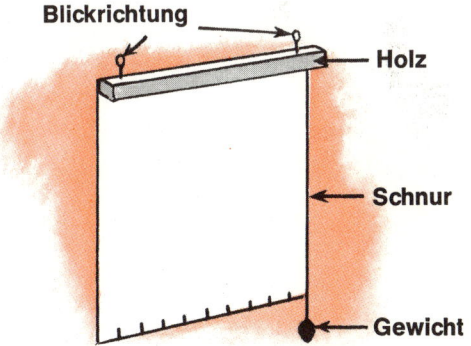

standes zu messen, richtet man die Pappe schräg in die Höhe (siehe Zeichnung auf Seite 26). Dabei peilt man über die beiden Nagelköpfe die höchste Spitze des Gegenstandes an. Das Lot hängt nun quer über die Skala herab. Wir schreiben die Zahl auf, die das Lot auf der Skala anzeigt. Dann wird die Entfernung zu dem Gegenstand in Metern gemessen, diese Entfernung mit der

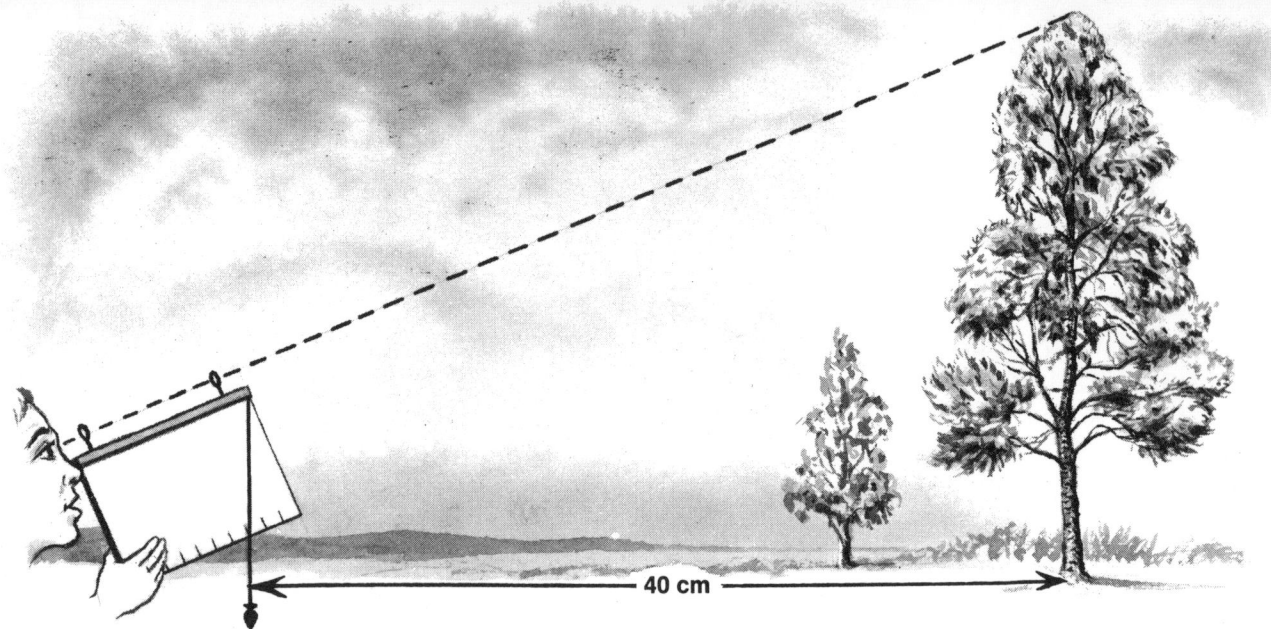

40 cm

Zentimeterzahl auf der Skala multipliziert und das Ergebnis durch 10 geteilt. Dann wird noch die Höhe des Meßinstrumentes über dem Boden hinzu addiert, und man hat das Ergebnis.

Wenn zum Beispiel die Schnur auf der Pappe bei der Zahl 3 herunterhängt, und man ist 40 Meter vom Baum entfernt, multipliziert man 3 · 40 = 120, dann teilt man durch 10, das ergibt 12. Befindet sich das Meßinstrument 1 Meter über dem Boden, ist der Baum 13 m hoch.

Der Grieche Pythagoras fand um 500 v. Chr. ein Gesetz, das für alle rechtwinkligen Dreiecke gilt. Der pythagoreische Lehrsatz lautet:

| **Was sagt der pythagoreische Lehrsatz?** |

Die Fläche des Quadrates über der größten Seite ist gleich der Summe der Flächen der Quadrate über den beiden kleineren Seiten.

Hat man zum Beispiel ein rechtwinkliges Dreieck mit den Seitenlängen 3 cm, 4 cm, 5 cm, dann ist

$$3^2 + 4^2 = 5^2$$
$$3 \times 3 + 4 \times 4 = 5 \times 5$$
$$9 + 16 = 25$$

Viele Lehrsätze aus der griechischen Geometrie sind aus den „Elementen", dem Lehrbuch, das Euklid um 300 v. Chr.

Mit diesem einfachen Meßinstrument kann man, wie der Landvermesser mit dem Theodoliten, die Höhe jedes Gegenstandes messen. Wie es gemacht wird, sagen die Erklärungen im Text.

schrieb, auf uns gekommen. Dies Buch wurde in Übersetzung noch bis vor 60 Jahren in vielen unserer Schulen verwendet.

Der griechische Mathematiker Eratosthenes (um 225 v. Chr.) war Bibliothekar in der berühmten großen Bibliothek in Alexandrien in Ägypten. Er ist der erste, von dem bekannt ist, daß er die Größe der Erde gemessen hat. Er wandte die Mathematik auf zwei Beobachtungen an:

| **Wie maß man früher die Größe der Erde?** |

Quadrat der längsten Seite = Summe der Quadrate der kürzeren Seiten.

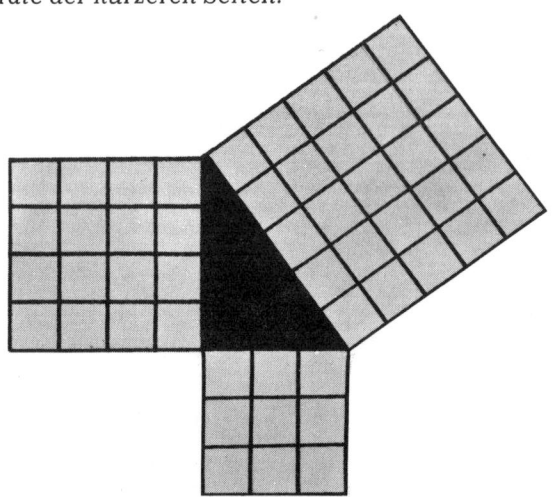

In Assuan, nahe dem ersten Nilkatarakt, konnte man die Spiegelung der Sonne in einem tiefen Brunnen sehen, wenn an einem bestimmen Tag im Jahr die Sonne im Scheitelpunkt stand und keinen Schatten warf.

Zur selben Zeit warf die Sonne 800 km nördlich, in Alexandrien, einen Schatten von $7\frac{1}{2}°$.

Eratosthenes benutzte nun zwei geometrische Lehrsätze, die griechische Mathematiker schon früher entwickelt hatten. Erstens wußte man, daß entgegengesetzte Winkel einander gleich

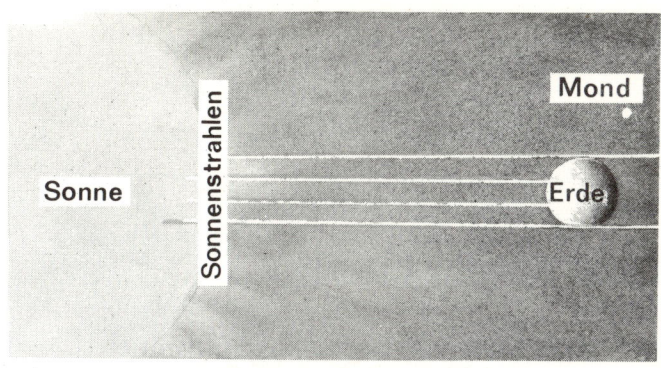

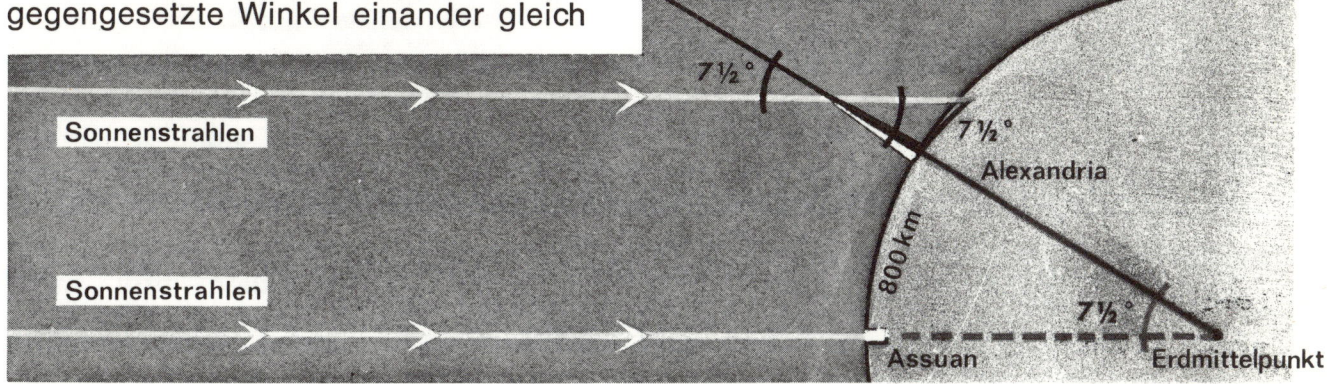

sind, zweitens hatte man bewiesen, daß jede gerade Linie, die zwei Parallelen schneidet, mit beiden Parallelen die gleichen Winkel bildet.

Außerdem wußte Eratosthenes, daß ein Kreis 360° hat. Er wußte ferner aus seinen Messungen, daß $7\frac{1}{2}°$ den 800 km von Assuan bis Alexandrien entsprechen. Da $7\frac{1}{2}$ nun 48mal in 360 (der Gradzahl eines vollen Kreises) enthalten ist, multiplizierte er 48 mit 800. Er berechnete also den Erdumfang auf 38 400 km. Mit den heutigen Präzisionsinstrumenten berechnet man den Umfang des Erdäquators auf 40 076,5 km.

Im zweiten Jahrhundert v. Chr. berechnete Hipparch, ein berühmter Astronom in Alexandrien, die Entfernung Erde–Mond. Seine Berechnungen ergaben, daß der Mond ungefähr

Wer maß zuerst die Entfernung zum Mond?

400 000 km entfernt ist. Tatsächlich schwankt die Entfernung des Mondes von der Erde zwischen 363 300 und 405 500 km.

Andere Griechen erforschten den Zauber der Zahlen. Die Schüler des Pythagoras fanden, daß man, wenn man aufeinanderfolgende Zahlen addierte, Regeln über ihre Gesamtsumme aufstellen konnte.

Was sind Dreieckszahlen?

Aus Zahlen, die einander folgen, kann man Dreiecke bilden. Um die Summe der aufeinanderfolgenden Zahlen einer „Reihe" zu errechnen, fanden die Griechen die Formel:

$$\frac{n\,(n+1)}{2} = \text{die Summe,}$$

in der n die letzte der einander folgenden Zahlen ist. Wie groß ist die Summe der ersten sechs Zahlen? Setzen wir n = 6 und

wenden die Formel an, so erhalten wir

$$\frac{6\,(6+1)}{2} = \frac{6 \cdot 7}{2} = \frac{42}{2} = 21$$

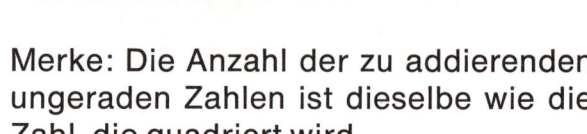

Mit Spielsteinen oder Marmeln kann man jedes beliebige Quadrat bilden. Das erste Quadrat hat zwei Reihen mit je 2 Steinen, das zweite hat drei Steine in jeder der drei Reihen und so fort. Die Zahl aller Steine, die ein Quadrat bilden, wird Quadratzahl genannt. 2 · 2, 3 · 3, 4 · 4, und jede weitere Zahl, die mit sich selbst malgenommen wird ergibt eine Quadratzahl. Die alten Griechen fanden, daß zwischen Quadratzahlen und ungeraden Zahlen eine Beziehung besteht. (Eine ungerade Zahl ist eine Zahl, die nicht durch 2 geteilt werden kann.)

Was sind Quadratzahlen?

Wenn man die Summe irgendeiner Gruppe aufeinanderfolgender ungerader Zahlen nimmt und fängt mit 1 an, so erhält man stets eine Quadratzahl.

$$1 + 3 = 4 = 2 \cdot 2 = 2^2$$
$$1 + 3 + 5 = 9 = 3 \cdot 3 = 3^2$$
$$1 + 3 + 5 + 7 = 16 = 4 \cdot 4 = 4^2$$

Merke: Die Anzahl der zu addierenden ungeraden Zahlen ist dieselbe wie die Zahl, die quadriert wird.

Was ist eine ideale Zahl?

In einer Zahl, die gleich der Summe aller ihrer möglichen Divisoren (ohne sie selbst) ist, witterten die Griechen ein Geheimnis. Die erste dieser Zahlen ist 6; 6 läßt sich durch 1, 2 und 3 teilen; 1 + 2 + 3 = 6. Solche Zahl nannten sie eine ideale Zahl.

Die nächste ideale Zahl ist 28; 1 + 2 + 4 + 7 + 14 = 28. Die Griechen entdeckten die ersten vier idealen Zahlen: 6, 28, 496 und 8128. Erst 1500 Jahre später wurde die fünfte ideale Zahl gefunden. Sie ist 33 550 336. Die sechste ideale Zahl ist 8 589 869 056. Bis heute wurden insgesamt 17 ideale Zahlen entdeckt. Die letzte ist so lang — sie hat 1373 Ziffern —, daß sie mehr als eine halbe Seite einnehmen würde.

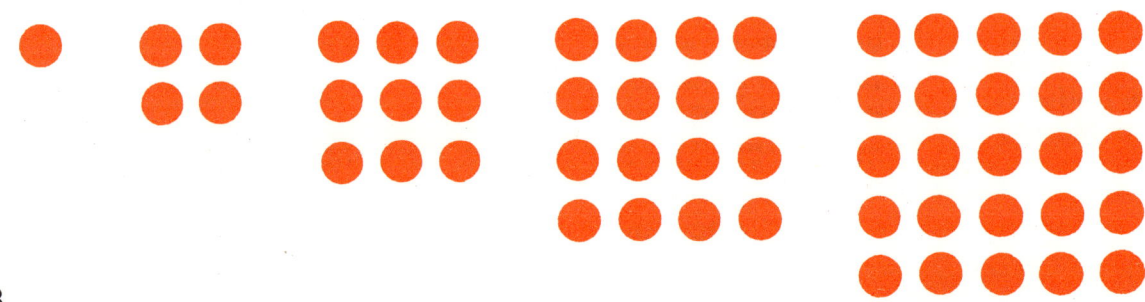

Von den römischen zu den arabischen Zahlzeichen

Die Römer haben einst den größten Teil der damals bekannten Welt erobert; für die Kunst der Mathematik aber haben sie sich wenig interessiert. Sie gebrauchten zum Rechnen die Finger oder das Rechenbrett, den Abakus, zu dem es außerdem Hilfstafeln gab. Als Kaiser Augustus vor 2000 Jahren sein Reich vermessen lassen wollte, mußte er sich dafür Fachleute aus Alexandrien holen.

Mit den Fingern wurde in Europa noch

Wie kann man mit den Fingern multiplizieren?

Jahrhunderte nach dem Untergang Roms gerechnet, und zwar bis etwa 1100 n. Chr. Aber die Römer und auch die anderen Völker, die bis zum Mittelalter mit Fingern rechneten, konnten mit dieser Methode nur addieren und subtrahieren.

Im folgenden zeigen wir einen leichten Weg, wie man mit Hilfe des Fingerrechnens Zahlen von 6 bis 9 multiplizieren kann:

Jeder Finger bedeutet eine Zahl von 6 bis 10 (siehe Zeichnung).

Um zu multiplizieren, halten wir die

Spitze der beiden Zahlenfinger zusammen. (Im Bilde multiplizieren wir 8 mit 8.) Wir zählen die Finger, die sich berühren, und die darunter; das ist die Zahl der Zehner.

Dann zählen wir die Finger, die sich **über** den sich berührenden Fingern befinden, und zwar jede Hand für sich. Man multipliziert nun die Zahl dieser Finger der linken Hand mit der der rechten Hand und hat denn die Einer. Zehner und Einer zusammengezählt, ergibt das Resultat.

Ägypter, Babylonier und Griechen gebrauchten das Rechenbrett schon vor den Römern.

Wie benutzte man das Rechenbrett?

Solche einfache Zählmaschine kannten auch die Chinesen und Japaner. Selbst heute noch wird in China und Japan das Rechenbrett gebraucht, und die wenigen, die es noch verwenden, sind so geschickt damit, daß sie Aufgaben fast so schnell lösen können wie eine elektrische Rechenmaschine. Das Rechenbrett hat es zwar in vielen Formen und unter verschiedenen Namen gegeben, je nachdem, wann und wo es gebraucht wurde, aber das Verfahren war im Prinzip stets das gleiche. Es hat einzelne Reihen von Glasperlen, Plättchen oder Kugeln, und diese Reihen sind nach dem Stellenwertsystem angeordnet, das die Sumerer erfanden. Das früheste und einfachste Rechenbrett war ein Zählbrett, das von den babylonischen Kaufleuten gebraucht wurde.

Um 263 und 349 zu addieren, setzen wir Steine so auf das Brett, daß sie 263 bedeuten: 2 Hunderter, 6 Zehner und 3 Einer. Wir fügen dann Steine hinzu,

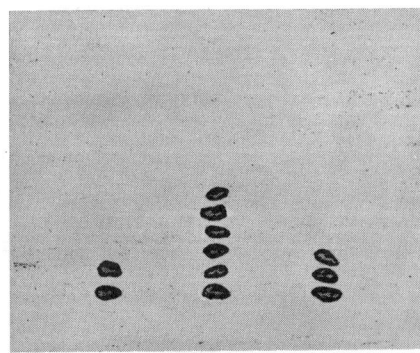

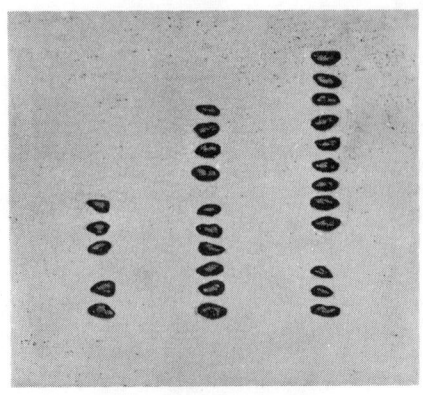

die 349 angeben: 3 Hunderter, 4 Zehner und 9 Einer.

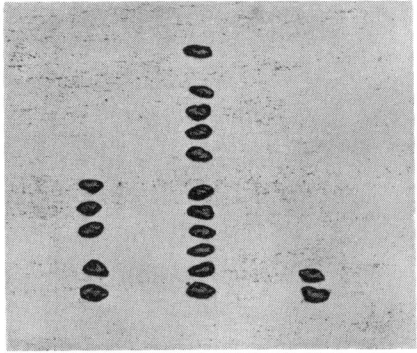

Da keine Reihe mehr als 9 Steine haben kann (10 Einer = 1 Zehner), nehmen wir zuerst 9 Steine von der Einer-Reihe (rechts) weg, dann nehmen wir den zehnten und legen ihn in die Zehner-Reihe. In der Einer-Reihe bleiben nun zwei Steine übrig.

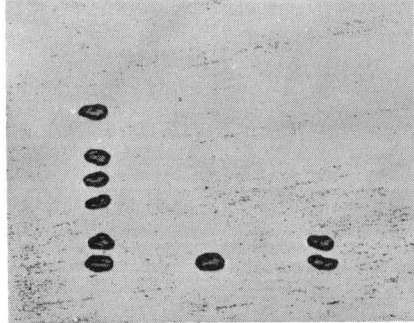

Aber in der Zehner-Reihe (mittlere Reihe) sind auch mehr als 9 Steine. Man nimmt auch hier wieder 9 Steine weg und legt den zehnten in die Hunderter-Reihe (links). Jetzt geben die Steine die Antwort : 612.

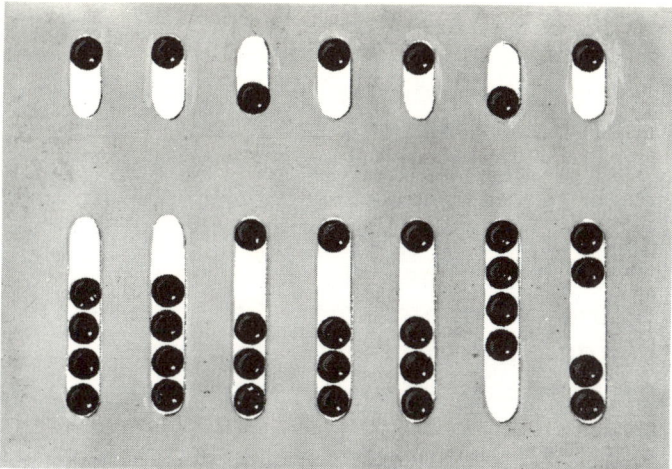

Das römische Zählbrett, der Abakus, war aus Metall, und in jeder Reihe befanden sich kleine Kugeln. Um eine Zahl zu bezeichnen, wurden die Kugeln an die Mitte herangeschoben. Die Kugeln oben hatten den Wert von 5, die unteren von 1. Die erste Reihe rechts ist die Einer-, die zweite die Zehner-Reihe und so fort. Die dargestellte Zahl ist nach unserem Zahlsystem: 0061 192 = 61 192.

In Asien wurde das Rechenbrett von den Chinesen „suan-pan" und von den Japanern „soro-ban" genannt. Die Glasstücke an der Trennschiene des Rahmens bilden eine Zahl. Unsere Abbildung zeigt, wie die Zahl 651 geschrieben wird: In der Hunderter-Reihe ist oben eine 5 und unten eine 1, in der

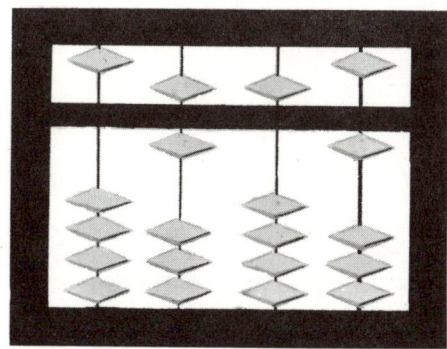

Zehner-Reihe eine 5 und in der Einer-Reihe eine 1.

Wir wollen nun 152 zu den 651 hinzuzählen. Wir schieben zunächst 2 Einerstücke an die Trennschiene (rechte Reihe). Um 5 zur Zehner-Reihe zu ad-

dieren, schieben wir alle vier unteren Glasstücke nach oben. Da wir, um 10 Zehner zu bekommen, noch ein Glasstück brauchen, aber in dieser Reihe keines mehr haben, schieben wir alle Zehner-Glasstücke vom Trennstrich weg und schieben in der Hunderter-Reihe ein Glasstück von unten an die Trennlinie. Zuletzt schieben wir in der Hunderter-Reihe noch ein 1 Glasstück nach oben, und die Glasstücke geben das Resultat: 803.

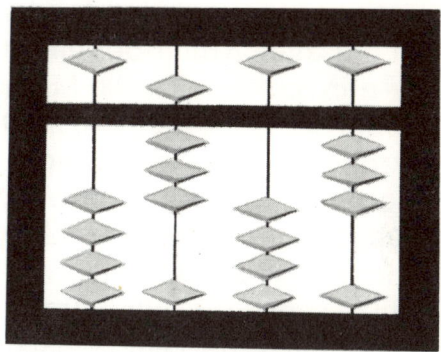

Wie multiplizierten die Römer?

Für die Multiplikation gebrauchten die Römer besondere Tafeln, ähnlich wie die Ägypter und Babylonier. Die Babylonier mußten ja Tabellentafeln haben, da sie sonst alle Multiplikationen von $1 \cdot 1$ bis $59 \cdot 59$ hätten auswendig lernen müssen!

Das folgende Beispiel zeigt, wie verwickelt selbst eine einfache Aufgabe für die Römer sein konnte. Wir multiplizieren einmal 18 mit 22 nach der römischen Methode.

$$
\begin{array}{lll}
\text{XVIII} & (18) & \\
\underline{\text{XXII}} & (22) & \\
\text{VI} & (6) & 2 \cdot 3 \\
\text{XXX} & (30) & 2 \cdot 15 \\
\text{C LX} & (160) & 20 \cdot 8 \\
\underline{\text{CC}} & (200) & 20 \cdot 10 \\
\text{CCC } \underline{\text{LX XXX}} \text{ VI} & (300 + 60 + 30 + 6) & \\
= \text{XC} \, (90) & & \\
\text{CCCXCVI} \, (396) & \text{Resultat} &
\end{array}
$$

Das umständliche Zahlensystem, das im römischen Weltreich benutzt wurde, verzögerte die Entwicklung der Mathematik. Erst Jahrhunderte nach dem Untergang Roms erwachte die Mathematik zu neuem Leben.

In enger Beziehung mit dem alten Sumerien entwickelte sich im Nordwesten Indiens die sogenannte Induskultur, welche im 2. Jahrtausend v.

Welcher bedeutende Beitrag kam aus Indien?

Chr. mit der alten Kultur der eingewanderten Arier verschmolz. Die Mathematik der Inder stand vorwiegend im Dienst der Astronomie und wurde von Priestern betrieben. Ihre größte Leistung, die erheblich zur Weiterentwicklung der Mathematik beitrug, war die Erfindung der Zahlzeichen, die wir „arabische" Zahlen nennen. Eine Tempelinschrift in Gwalior von 870 n. Chr. zeigt auch zum erstenmal die Null als Ziffer. (In früheren Zeiten, bei den Babyloniern und Griechen, hatte man eigentlich nur Lückenzeichen, mit denen zu rechnen sehr schwierig war.) Das früheste Nullzeichen der Inder war ein Punkt (·); später

wurde daraus ein kleiner Kreis (o) und schließlich die Null (0), wie wir sie heute kennen. Das indische Wort für Null, *sunya*, bedeutet auch „leer".

Die Inder entwickelten große mathematische Kenntnisse und bewältigten schwere Rechnungen mit sehr großen Zahlen. Die Araber, die mit ihnen Handel trieben, übernahmen die Zahlzeichen der Inder im neunten Jahrhundert. Damals beherrschten die Araber den Nahen Osten, Nordafrika und einen großen Teil Spaniens. Arabische Händler und Ärzte und später die Kreuzzüge trugen dazu bei, daß die Mathematik und die Zahlzeichen der Araber, die von den Indern stammten, nach Europa gelangten. Zu Beginn des 15. Jahrhunderts wurden die arabischen Zahlen in den Schulen und bei den Kaufleuten ganz Europas verwendet.

Mit den modernen Zahlzeichen und der wiederentdeckten griechischen Geometrie und Algebra machte die Mathematik nun großartige Fortschritte. Die neue Mathematik trug wesentlich dazu bei, daß in Europa das dunkle Mittelalter endete und das Zeitalter der Entdeckungen begann.

Die Inder waren Mathematiker. Von ihnen übernahmen die Araber die Zahlzeichen, die wir heute noch verwenden.

Ihr lauft nicht nach den Anweisungen,

sonst würdet ihr in den Bergen die Männer

des Stoßtru

schon lang

komr

+

=

lauft   nach den

Bergen   Männer

Partisanen

kommen

In Kriegszeiten wurden für geheime Nachrichten oft Kodes verwendet.

Besondere und wichtige Botschaften und Nachrichten werden oft verschlüsselt oder „in Kode" geschrieben. Es gibt viele Möglichkeiten, beim Ver- und Entschlüsseln Mathematik anzuwenden.

Sikox ndnln nueee adsds kteoe?

Nehmen wir einmal die Botschaft: Sikox ndnln nueee adsds kteoe? Es fällt auf, daß diese Botschaft fünf Buchstabengruppen hat und daß jede dieser Gruppen fünf Buchstaben enthält. Dies ist unser erster Anhaltspunkt. Wenn wir die ersten Buchstaben jeder Gruppe zusammenstellen, bekommen wir: snnak. Das sagt sicherlich gar nichts. Wir würden auch keinen Sinn finden, wenn wir die zweiten Buchstaben jeder Gruppe zusammenstellten: idudt. Was würde geschehen, wenn wir diese Gruppen von hinten hinschrieben? Das sähe so aus: kannstdudi. Wir haben jetzt unseren Schlüssel gefunden.

Wir erkennen jetzt einen Quadratkode. Die ganze Botschaft enthält 25 Buchstaben und besteht aus fünf Wörtern von je fünf Buchstaben. Das bedeutet, daß die Botschaft in ein Quadrat mit fünf Längs- und fünf Querreihen geschrieben wurde. Wir wissen auch, daß es in der Kode-Form rückwärts geschrieben war.

Wenn wir die verschlüsselte Botschaft nehmen und sie rückwärts passend in das Fünferquadrat einschieben, finden wir:

K	A	N	N	S
T	D	U	D	I
E	S	E	N	K
O	D	E	L	O
E	S	E	N	X

Am Ende, um den Platz auszufüllen, steht noch ein x. Wir können jetzt die verschlüsselte Botschaft lesen!

Es ist gar nicht schwer, einen Quadrat-

<table>
<tr><th></th><th>1</th><th>2</th><th>3</th><th>4</th><th>5</th></tr>
<tr><td>1</td><td>a</td><td>b</td><td>c</td><td>d</td><td>e</td></tr>
<tr><td>2</td><td>f</td><td>g</td><td>h</td><td>i</td><td>j</td></tr>
<tr><td>3</td><td>k</td><td>l</td><td>m</td><td>n</td><td>o</td></tr>
<tr><td>4</td><td>p</td><td>q</td><td>r</td><td>s</td><td>t</td></tr>
<tr><td>5</td><td>u</td><td>v</td><td>w</td><td>x</td><td>z</td></tr>
</table>

$y = i$

| Wie macht man einen Quadratkode? |

kode anzufertigen. Wir schreiben eine beliebige kurze Botschaft auf und zählen die Anzahl der Buchstaben. Dann suchen wir die Quadratwurzel oder die Zahl, die mit sich selbst malgenommen die Gesamtsumme der Buchstaben ergibt. Ist die Zahl zum Beispiel 16, dann rechnen wir $\sqrt{16} = 4$; das bedeutet dann vier senkrechte und vier waagerechte Reihen.

Was aber, wenn es 59 Buchstaben sind? Es gibt keine ganze Zahl, die mit sich selbst multipliziert 59 ergibt. $7 \cdot 7$ ist 49 und $8 \cdot 8$ gleich 64. Wir nehmen in solchem Fall die nächstgrößere Zahl und füllen die Lücken irgendwo mit einigen X aus.

Aber nicht alle Kodes sind so einfach wie dieser. Einige sind sehr verwickelt, und Spezialisten brauchen manchmal Wochen, um sie zu entschlüsseln. Wir wollen jetzt einen anderen Kode untersuchen, der nicht aus Buchstaben, sondern aus Zahlen besteht:

```
50532415004413234 3
15241244450001451 0
00002434003135141 5
```

Das sieht nun wirklich schwierig aus! Betrachten wir ihn genau, so finden wir, daß keine Zahl größer ist als 5 und daß viele Nullen darin sind. Haben wir damit einen Anhaltspunkt? Ein Entschlüsselungsfachmann weiß sofort: Es handelt sich hier um einen Quadratzahlkode. Man fertigt ihn an, indem man ein Quadrat mit 25 Feldern zeichnet:

Jeder Buchstabe ist aus zwei Zahlen zusammengesetzt. Die erste Zahl gibt die Querreihe, die zweite die senkrechte Reihe an. So ist 23 die zweite Querreihe und die dritte senkrechte Reihe, bedeutet also den Buchstaben „h". Die Null wird in diesem Kode zwischen die Wörter gesetzt. Man kann dabei so viele Nullen schreiben, wie man will, da sie immer nur Zwischenräume bedeuten. Die erste Zahl der Nachricht ist hier das Kodezeichen. In diesem Fall ist es 5.

Jetzt entschlüsseln wir die Nachricht! Die 50 zeigt an, daß für das Alphabet ein Fünferquadrat benutzt wurde. Das erste Wort nach der Null ist 532415. Zur Bildung von Buchstaben schreiben wir sie so: 53 24 15. Wenden wir jetzt den Kode an, so finden wir, daß 53 w bedeutet, 24 i und 15 e. Das Wort heißt also „wie". Der Rest ist leicht zu entziffern. Es ist ein Fragesatz — wie lautet er?

| Was ist ein Kryptogramm? |

Das Ersetzen von Zahlen durch Buchstaben nennt man Kryptographie, und ein Kryptogramm ist eine mathematische Aufgabe, in der Buchstaben für Zahlen stehen. Zum Beispiel:

$$
\begin{array}{r}
\text{ABC} \cdot \text{ABC} \\
\hline
\text{DBC} \\
\text{BCE} \\
\text{ABC} \\
\hline
\text{ACDBC}
\end{array}
$$

Das Problem ist, die Zahl ABC zu finden, die mit sich selbst multipliziert worden ist.

Fangen wir mit C an, der letzten Ziffer der gesuchten Zahl und des Quadrats. Es gibt nur drei Zahlen, deren Quadrat als letzte Ziffer sie selbst hat. Es sind: 0 ($0 \cdot 0 = 0$), 5 ($5 \cdot 5 = 25$) und 6 ($6 \cdot 6 = 36$).

C kann nicht $= 0$ sein, denn wenn wir irgendeine Zahl mit 0 multiplizieren, erhalten wir 0, hier aber ergibt B mit C multipliziert E.

C kann auch nicht 6 sein. Denn in der Mittelreihe der Addition haben wir $D + C + C = D$. Ist $C = 6$, so ist es nicht möglich, daß $D + 6 + 6 = D$ ist, weil $D + 12$ nicht wieder D ergeben kann.

C muß also 5 sein.

Wir kennen aber auch die Zahl, die der Buchstabe A darstellt; denn wir sehen bei der Multiplikation, daß $A \cdot \text{ABC} = \text{ABC}$ ist; also kann A nur 1 bedeuten. Wir haben jetzt also zwei Ziffern, nämlich $A = 1$ und $C = 5$. Wir schreiben jetzt die Aufgabe noch einmal hin und ersetzen die bekannten Buchstaben durch die Ziffern, die sie darstellen:

$$
\begin{array}{r}
\text{1B5} \cdot \text{1B5} \\
\hline
\text{DB5} \\
\text{B5E} \\
\text{1B5} \\
\hline
\text{15DB5}
\end{array}
$$

Wir betrachten jetzt wieder die mittlere Reihe $D + 5 + 5 = D$. Die 10 können wir also aus dieser Reihe herausheben und tragen dafür eine 1 in die davorstehende senkrechte Reihe ein. Nun sehen wir, daß $1 + B + B = 5$ ist; die

einzige Zahl aber, die für B stehen kann, ist deshalb 2, da $1 + 2 + 2 = 5$ ist.

Die Aufgabe ist jetzt gelöst: $\text{ABC} = 125$.

Wir wollen versuchen, noch ein Kryptogramm zu lösen: Die Lösung steht umgekehrt darunter.

$$
\begin{array}{r}
\text{DEF} \cdot \text{DEF} \\
\hline
\text{FGF} \\
\text{DEFE} \\
\hline
\text{DDEGF}
\end{array}
$$

Lösung:

DDEGF = 11025

$D = 1$, $E = 0$, $F = 5$, DEF = 105

Was ist ein magisches Quadrat?

Magische Quadrate haben die Menschen seit mehr als 2500 Jahren gefesselt. Eigentlich ist an diesen Quadraten nichts Magisches dran, denn sie sind nichts als Additionstabellen, in denen die Zahlen raffiniert angeordnet sind.

Wir zeichnen ein Quadrat mit neun Feldern, wie die Abbildung zeigt. Jetzt sollen die Zahlen 1 bis 9 hinein, und zwar in jedes Feld eine Zahl. Sie sollen aber so angeordnet sein, daß sie immer dieselbe Summe ergeben, ganz gleich,

ob man eine Reihe quer, von oben nach unten, oder diagonal, also schräg von einer Ecke zur entgegengesetzten addiert.

Wir wissen, daß die Summe aller Zahlen von 1 bis 9 = 45 ist. Die Formel dafür haben wir schon auf Seite 28 kennengelernt. Teilen wir nun 45 durch 3, so erhalten wir 15. Deshalb muß jede Reihe von 3 Zahlen gleich 15 sein. Bevor wir uns die Lösung unten ansehen, sollte jeder selbst versuchen, ein magisches Quadrat zu machen.

Wie macht man ein magisches Quadrat?

Die hier gezeigte Methode läßt sich auf magische Quadrate jeder Größe anwenden, soweit sie eine ungerade Zahl von waagerechten und senkrechten Reihen haben. Wir schreiben also zunächst die Zahl 1 in das mittlere Feld der oberen Reihe. Jetzt gehen wir mit dem Bleistift nach schräg oben rechts und sind damit außerhalb des Quadrats. Deshalb gehen wir die nächste Reihe herunter bis zum letzten Feld und schreiben die Zahl 2 hinein. Gehen wir jetzt wieder einen Schritt schräg nach oben rechts, sind wir wieder außerhalb des Quadrats. (Beim Fünferquadrat hätten wir hier ein Feld, um die 3 hineinzuschreiben.) Wir gehen also die Querreihe nach links bis zum letzten Feld und setzen die Zahl 3 hinein.

Wir haben jetzt den ersten Satz Zahlen geschrieben. Ein Satz Zahlen ist gleich der Zahl der Längs- oder Querreihen, in diesem Falle 3. Um den nächsten Satz einzureihen, gehen wir ein Feld hinunter und schreiben die erste Zahl des zweiten Satzes, 4. (Die erste Zahl des nächsten Satzes steht immer unter der letzten Zahl des vorigen Satzes.) Wir wiederholen nun dasselbe Verfahren wie beim ersten Satz: ein Feld nach schräg oben rechts, 5, und weiter nach schräg oben rechts, 6. Damit ist der zweite Satz fertig. Wir gehen von der 6 wieder ein Feld herunter, schreiben 7 hinein und vervollständigen das Quadrat in derselben Weise wie bisher.

Wie liest man verschlüsselte Preiszettel?

Manchmal entdeckt man beim Einkaufen auf der Verpackung geheimnisvolle Zeichen. Gewöhnlich besteht der Geheimkode des Händlers aus Buchstaben, die ihm den Preis oder das Alter der Ware angeben. Für den Kaufmann ist die Zahl nicht schwer zu lesen, denn er kennt den „Schlüssel"; er wählte einen Namen oder irgendein Wort, in dem jeder Buchstabe nur einmal vorkommt, und gab jedem Buchstaben eine Zahl. Zum Beispiel so:

G ü n t h e r W o l f
1 2 3 4 5 6 7 8 9 0 .

Mit diesem Kode würde „tfow" 4.98 oder DM 4,98 bedeuten. Das kann der Preis sein, den der Kaufmann selbst zu zahlen hatte, und er weiß also, daß er teurer verkaufen muß, um einen Gewinn zu erzielen. Vielleicht ist eine Packung auch so bezeichnet: ünefrn, was übersetzt bedeutet: 23. 6. 73. Das Datum sagt dem Kaufmann, wann er seine Ware eingekauft hat. Diese Methode ist nicht neu. Schon die alten Griechen und Hebräer gebrauchten Buchstaben anstelle von Zahlen.

8	1	6
3	5	7
4	9	2

So macht man ein magisches Quadrat. Die Felder für den ersten „Satz" Zahlen sind rot, für den zweiten grau und für den dritten Satz weiß.

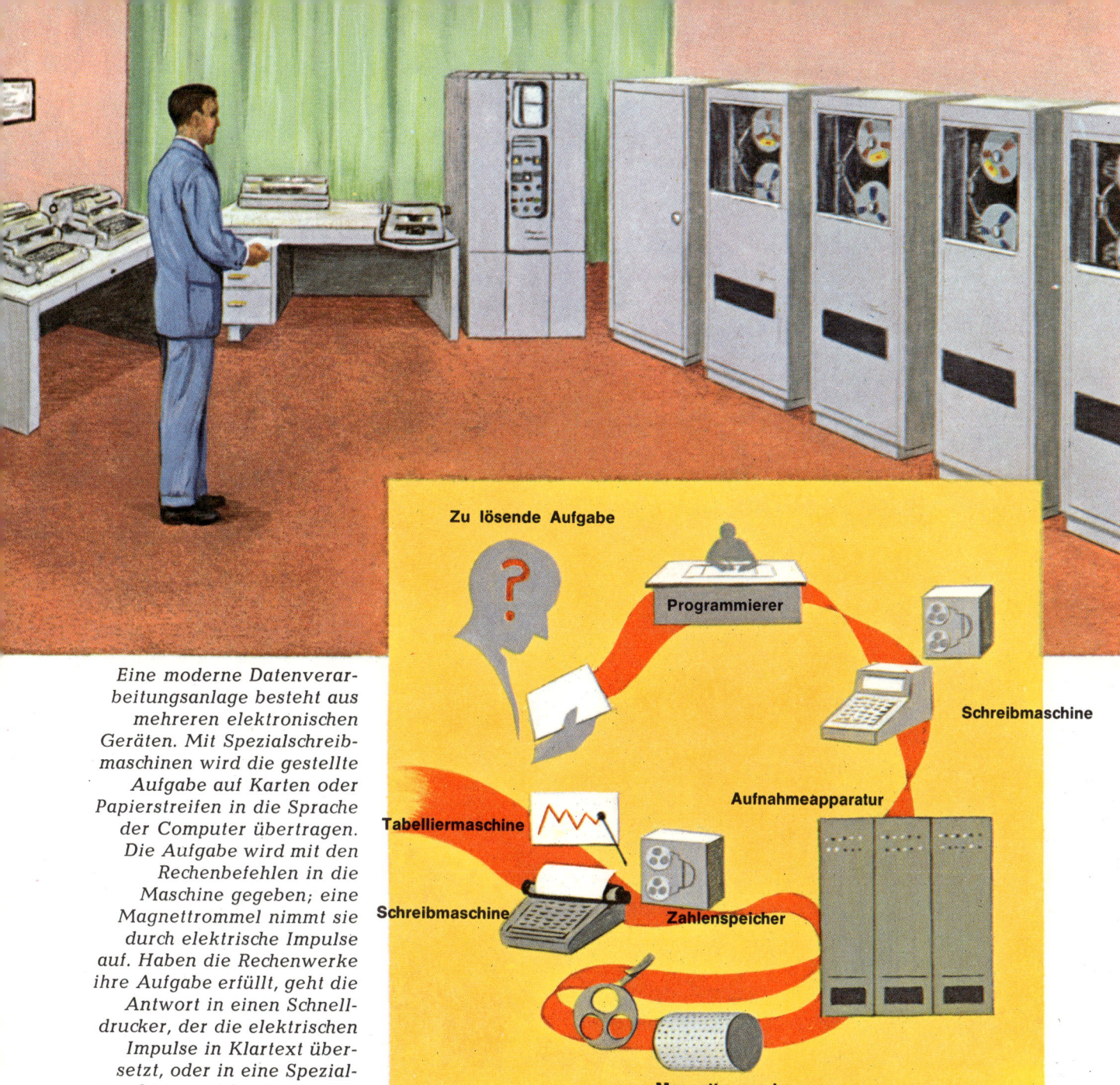

Eine moderne Datenverarbeitungsanlage besteht aus mehreren elektronischen Geräten. Mit Spezialschreibmaschinen wird die gestellte Aufgabe auf Karten oder Papierstreifen in die Sprache der Computer übertragen. Die Aufgabe wird mit den Rechenbefehlen in die Maschine gegeben; eine Magnettrommel nimmt sie durch elektrische Impulse auf. Haben die Rechenwerke ihre Aufgabe erfüllt, geht die Antwort in einen Schnelldrucker, der die elektrischen Impulse in Klartext übersetzt, oder in eine Spezialmaschine, welche die Lösung in Form einer Kurve wiedergibt.

Zu lösende Aufgabe

Programmierer

Schreibmaschine

Tabelliermaschine

Aufnahmeapparatur

Schreibmaschine

Zahlenspeicher

Magnettrommel

Rechnen mit elektronischen Rechenautomaten

Elektronische Rechenautomaten, sogenannte Computer, lösen in Sekundenschnelle Rechenprobleme, für die ein Mensch Tage oder Wochen brauchen würde. Computer helfen den Ingenieuren, neue Flugzeuge zu entwerfen, zu testen und durch die Luft zu leiten. Die Bahn einer Raumkapsel zum Mond oder zum Mars wird von Computern errechnet und notfalls berichtigt. Computer werten Meinungsumfragen aus und errechnen Löhne für Tausende von Arbeitnehmern. In allen Zweigen der Wissenschaft, Technik und Wirtschaft wird heute mit Computern gearbeitet. Oft begegnet uns die Abkürzung EDV; sie bedeutet: Elektronische Datenverarbeitung.

Man muß zwei Typen von Rechenautomaten unterscheiden: analog und digital arbeitende.

Was bedeutet „digital" und „analog"?

Das Wort „digital" bedeutet, daß mit Zahlen gerechnet wird. Die Feststellung 6 + 3 = 9 ist eine digitale Rechnung. Die Ziffern geben nur eine Anzahl an, aber die Art der Einheiten, ob es sich um Stühle, Steine oder Kilometer handelt, ist aus den Zahlen nicht zu ersehen. Ein einfacher Digitalrechner ist die Addiermaschine im Büro.

„Analog" arbeitende Rechenautomaten beziehen sich immer auf eine Grundeinheit. Auch sie bestimmen die Größe einer vorhandenen Menge, aber sie finden das Ergebnis durch Messen, nicht durch Zählen. Diese Ergebnisse werden auf einer Skala oder einem Zifferblatt angezeigt, oder ein Schreibstift zeichnet auf einem Papierstreifen eine Linie, die das Ergebnis darstellt.

Einfache Analogrechner sind Thermometer, Uhren, Waagen, und im Auto sind es die Benzinuhr und der Tachometer. Der Tachometer überträgt die Drehungen der Radachse in den Zahlenwert der Geschwindigkeit nach Kilometer pro Stunde; die Achsdrehung ist die Analogie oder die physikalische Größe der angezeigten Geschwindigkeit. Elektronische Analogrechner aber bewältigen viel kompliziertere Aufgaben. Man verwendet sie für die Navigation, zur Bahnberechnung für Flugkörper und vieles mehr. Elektronische Digitalrechner werden als Datenverarbeitungsanlage bezeichnet. Sie können nach Anweisungen, die ihnen eingegeben werden, eine große Folge rechnerischer und logischer Arbeitsgänge ausführen. „Logi-

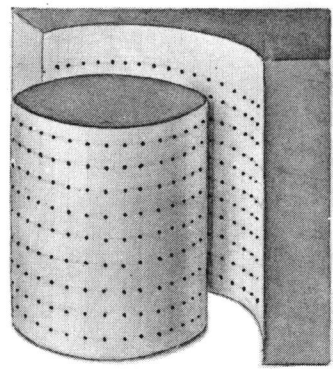

Die Magnettrommel des Computers, auch „Schnellgedächtnis" genannt.

sche" Arbeitsgänge sind Sortieren, Auswählen, Vergleichen, Unterscheiden und Entscheiden beim Vorliegen verschiedener Größen.

Bevor die Maschine irgendein Problem lösen kann, muß

Wie arbeitet ein Computer?

der „Programmierer" ihr die Informationen oder „Daten" eingeben sowie genaue Anweisungen, wie die Informationen methodisch verarbeitet werden sollen. Die „Eingabe" erfolgt durch Lochkarten, gelochte Papierstreifen oder durch Magnetbänder oder Papier mit magnetisiertem Aufdruck. Durch elektrische Impulse werden die Daten der Eingabe auf den Speicher, das „Schnellgedächtnis" des Computers, übertragen. Der

Analogrechner

Schwimmer

Brennstofftank

Brennstoffanzeiger am Armaturenbrett

BINÄRES SYSTEM

2^4	2^3	2^2	2^1	2^0	Entsprechende Dezimalzahlen
Sechzehner	Achter	Vierer	Zweier	Einer	
2x2x2x2	2x2x2	2x2	2	1	
16	8	4	2	1	
				1	1
			1	0	2
			1	1	3
		1	0	0	4
		1	0	1	5
		1	1	0	6
		1	1	1	7
	1	0	0	0	8
	1	0	0	1	9
	1	0	1	0	10
	1	0	1	1	11
	1	1	0	0	12
	1	1	0	1	13
	1	1	1	0	14
	1	1	1	1	15
1	0	0	0	0	16
1	0	0	0	1	17
1	0	0	1	0	18
1	0	0	1	1	19
1	0	1	0	0	20

Speicher gibt die Aufgaben in ein Rechenwerk und nimmt von dort wieder Zwischenergebnisse auf. (Alle Informationen bleiben gespeichert, bis sie nicht mehr gebraucht werden, ähnlich wie bei einem Tonband, das beliebig oft abgehört werden kann, solange man den Ton nicht löscht.) Nachdem das Rechenwerk alle Teile der Aufgabe gelöst hat, gibt es die Antwort in Computersprache an das Ausgabewerk. Je nach der Art der gestellten Aufgabe kann die Antwort ein Zahlenergebnis sein oder ein Bericht, der von einem besonderen Gerät, dem Schnelldrucker, in verständliche Sprache übersetzt wird; die Antwort kann aber auch darin bestehen, daß als Ergebnis einer schwierigen Entscheidung nur eine Lampe aufleuchtet, was besagt: Ja, alle Bedingungen sind erfüllt!

Was ist Computersprache?

Alle Aufgaben müssen dem Computer in einer Sprache eingegeben werden, die er „versteht", das heißt, nach der er die elektronische Verarbeitung vornehmen kann. Als Computersprache eignet sich am besten das binäre Zahlensystem, das ein Zweierstellensystem ist, also nur die Ziffern 0 und 1 enthält. Binäre Zahlen nennt man auch Dualzahlen (lateinisch: duo = 2). Die beiden Zeichen können auf verschiedene Weise dargestellt werden, entweder durch Lochung oder Nichtlochung bestimmter Stellen im Papierstreifen oder durch zwei unterscheidbare elektrische Spannungswerte. Mit den binären Zeichen werden nicht nur Zahlen, sondern auch Buchstaben und Wörter gebildet. Man kann binäre Zahlen auch durch Lampenserien darstellen: Jede Lampe, die keinen Strom erhält und dunkel bleibt, bedeutet 0, jede eingeschaltete Glühbirne bedeutet 1.

Die Dualzahl, die diese Lampenserie darstellt, sieht geschrieben so aus: 011000101001. Umgesetzt in eine Zehnerzahl ergibt es 1577. Rechne nach.

Mathematik im Raumfahrtzeitalter

Die moderne Raumfahrt wäre ohne Computer nicht möglich. Denken wir nur an den Start einer Mondrakete. Lange vor ihrem Abschuß werden Zehntausende wichtiger Daten im Gedächnis einer riesigen Rechenanlage gespeichert: genaue Angaben über die geplante Geschwindigkeit und Richtung der Rakete und der Raumkapsel, über die notwendigen Flugeigenschaften, über alle Vorbedingungen für das Funktionieren der elektronischen Vorrichtungen und des Versorgungssystems, über Atem, Herzschlag, Körpertemperatur der Astronauten und vieles mehr. Ist die Zeit für den Start gekommen, wird die Rechenanlage mit den gesamten Angaben über den augenblicklichen Zustand des Raketensystems und der Astronauten „gefüttert". Der Computer vergleicht sie innerhalb weniger Sekunden mit den gespeicherten Daten. Stimmen alle überein, leuchtet eine Glühbirne auf, die anzeigt: „Alle Bedingungen für den Start sind erfüllt!" Weicht später der Flugkörper nur im geringsten vom Kurs ab, zeigt ein Elektronengerät es sofort an und berechnet die Kurskorrektur.

Keine menschliche Rechenkunst kann es an Schnelligkeit mit den Computern aufnehmen. Und schnelle Berechnungen sind oft lebenswichtig, wenn es um Entscheidungen geht, von denen das

> **Wie helfen Computer bei der Raumfahrt?**

Raketenabschüsse erfordern mathematische Präzisionsarbeit.

Schicksal der Astronauten abhängt. Elektronische Maschinen können dem Menschen das Berechnen und Vergleichen abnehmen — aber nicht das wissenschaftliche, mathematische Denken.

Welche Aufgaben stellt die Raumfahrt der Mathematik?

Die Bedingungen der Weltraumfahrt wurden von Wissenschaftlern erforscht; voraus ging die Erkenntnis der überall geltenden Naturgesetze. Alle modernen technischen Unternehmungen setzen voraus, daß man solche Erkenntnisse anwendet, sie mathematisch erfaßt und umsetzt. Für die Raumfahrt hatten die Mathematiker vieles zu berechnen, zum Beispiel den Luftwiderstand, den die Rakete erfährt. Man wußte seit langem, daß der Luftwiderstand im Quadrat zur Geschwindigkeit wächst. Dann fand man heraus, daß er sich bei Geschwindigkeiten über 15 km pro Minute nicht nur vervierfacht, sondern verachtfacht.

Die Bahn eines Raumflugkörpers wäre leicht zu berechnen, wenn die Erde stillstünde; sie dreht sich jedoch nicht nur um ihre Achse, sondern auch in einer elliptischen Bahn um die Sonne.

Zu berücksichtigen ist ferner die Schwerkraft, die Anziehungskraft der Erde und für die Mondfahrer auch die des Mondes. Die Gesetzmäßigkeit der Schwerkraft hat schon vor drei Jahrhunderten Isaac Newton erkannt und in eine mathematische Formel gefaßt: $s = \frac{g}{2} t^2$, wobei s die Fallstrecke in Metern, t die Zeit und g die Fallbeschleunigung durch die Schwerkraft bedeutet. (Die Fallbeschleunigung beträgt 9,81 m pro Sekunde des Falles.) Die Schwerkraft der Erde ist durch Geschwindigkeit zu überwinden. Um einen Satelliten auf einer 200 km hohen Umlaufbahn um die Erde zu halten, braucht er eine Geschwindigkeit von 7800 Meter pro Sekunde. Mit 11 200 m/sec — das sind 40 000 Stundenkilometer — erreicht er die Fluchtgeschwindigkeit, das heißt, er überwindet die Erdanziehung und fliegt in den Weltraum. Viel geringer ist die Fluchtgeschwindigkeit, die einen Flugkörper vom Mond wegtreibt, denn seine Schwerkraft ist geringer, weil er wesentlich kleiner ist als die Erde. Die Anziehungskraft eines jeden Körpers hängt von seiner Masse ab — auch dafür gibt es eine mathematische Formel.

Der Mond hat keine Atmosphäre, er bietet den Raumfahrzeugen also keinen Luftwiderstand. Wie groß ist aber die Hitze, die beim Eintauchen in die Erdatmosphäre durch die Luftreibung entsteht? Wie schützt man die Astronauten gegen solche Hitze und gegen die Weltraumkälte?

Das alles sind nur einige von Tausenden wissenschaftlicher und technischer Probleme der Raumfahrt, die ohne mathematisches Wissen und Denken nicht gelöst werden können.

Mit Hilfe elektronischer Rechenanlagen ermitteln Mathematiker die Flugbahn und den nötigen Geschwindigkeitszuwachs einer Weltraumrakete.

Was ist Wahrscheinlichkeitsrechnung?

Wenn man eine Münze in die Luft wirft,

Wie oft hat man Glück?

landet sie entweder mit Adler oder mit der Zahl nach oben. Wie groß ist die Aussicht, daß der Adler oben liegt? Der Mathematiker würde sagen: Die Wahrscheinlichkeit, daß der Adler oben liegt, ist 1 : 2 (eins zu zwei). Man hat also eine von zwei Chancen, daß der Adler nach oben fällt. Wirft man zwei Münzen gleichzeitig, so gibt es vier Möglichkeiten: Es kann zweimal die Zahl oder zweimal der Adler oder Zahl und Adler oder Adler und Zahl oben liegen, wie es die Abbildung zeigt.

Weiß: Adler

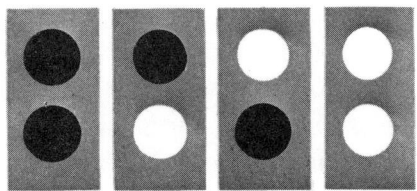

Die Wahrscheinlichkeit für zwei Zahlen ist 1 : 4, ebenso wie für zwei Adler; die Chance steht 2 : 4 (oder 1 : 2), daß eine Zahl oder ein Adler oben liegt.

Wer wettet, verläßt sich meistens nur auf sein Glück. Statistiker aber stellen eine Wahrscheinlichkeitsrechnung an, um Chancen abzuwägen.

Wie viele Möglichkeiten gibt es, wenn man drei Münzen zugleich wirft? Die Zeichnung stellt es dar.

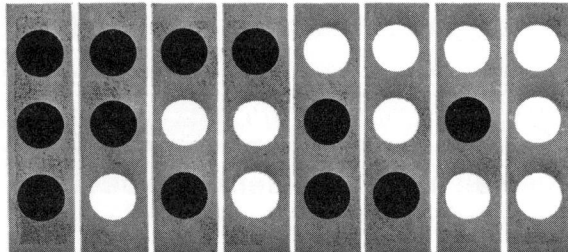

Wir sehen hier acht Möglichkeiten. Die Wahrscheinlichkeit, daß alle drei Zahlen

nach oben fallen, ist 1 : 8. Das gilt auch für drei Adler. Die Chance aber, zwei Zahlen und einen Adler zu bekommen, ist — genau wie für zwei Adler und eine Zahl — 3 : 8.

Nun kann es freilich vorkommen, daß man beim Werfen einer Münze drei- oder viermal oder sogar fünfmal hintereinander die gleiche Seite nach oben bekommt. Wirft man die Münze aber tausendmal und notiert die Ergebnisse, so wird man feststellen, daß man doch etwa 500mal Zahl und 500mal Adler geworfen hat.

Je größer die Zahl der Versuche ist, desto genauer stimmt das Ergebnis der Wahrscheinlichkeitsberechnung.

Mathematiker haben die Chancen für

Was ist das Pascalsche Dreieck?

eine fast unbegrenzte Zahl von Kombinationen errechnet. Man kann diese Chancen in Form eines Zahlendreieckes darstellen, das unter dem Namen Pascalsches Dreieck bekannt ist.

$$
\begin{array}{ccccccccc}
 & & & & 1 & & 1 & & \\
 & & & 1 & & 2 & & 1 & \\
 & & 1 & & 3 & & 3 & & 1 \\
 & 1 & & 4 & & 6 & & 4 & & 1 \\
1 & & 5 & & 10 & & 10 & & 5 & & 1 \\
\end{array}
$$

1 5 10 10 5 1
1 6 15 20 15 6 1
1 7 21 35 35 21 7 1
1 8 28 56 70 56 28 8 1

Nehmen wir an, jemand spielt gegen einen gleichwertigen Gegner Tischtennis. Wie groß sind seine Gewinnchancen, wenn er vier Spiele mit ihm macht?

Wir sehen es im Dreieck in der 4. Reihe. Die Chance, alle vier Spiele zu gewinnen, ist 1 : 16 (1 + 4 + 6 + 4 + 1 = 16).

Genauso groß ist seine Chance, alle vier Spiele zu verlieren. Er hat die Chance 4 : 16 (oder 1 : 4), drei Spiele zu gewinnen oder zu verlieren, und die Chance 6 : 16, zwei der Spiele zu gewinnen oder zu verlieren. Seine Aussichten für acht Spiele sind der achten Reihe des Dreiecks zu entnehmen. Die Wahrscheinlichkeit, alle acht Spiele zu zu gewinnen, beträgt 1 : 256 (= Summe aller Zahlen dieser Reihe).

Interessant ist beim Pascalschen Dreieck, daß jede Zahl die Summe der beiden über ihr stehenden Zahlen ist.

Neue Zweige der Mathematik

Was ist Topologie?

Zu den jüngsten Zweigen der Mathematik gehört die Topologie. Das Wort kommt vom Griechischen „topos", das Ort, Gegend, Lage bedeutet. Man kann die Topologie auch als „Geometrie der Lage" bezeichnen. Sie befaßt sich mit Eigenschaften geometrischer Figuren, die trotz Knicken, Strecken, Biegen und Pressen erhalten bleiben.

Man hat im Scherz gesagt, Topologen seien Mathematiker, die den Unterschied zwischen einem Autoreifen und einem Napfkuchen nicht erkennen können, weil beide Gegenstände rund sind und ein Loch in der Mitte haben. Tatsächlich würden Topologen von einem Napfkuchen und einem Autoreifen sagen, topologisch hätten sie das „gleiche Geschlecht". Jedes Gebilde wird von ihnen nach seiner Grundeigenschaft einem „Geschlecht" zugeordnet.

Was ist das Möbiussche Band?

Ein einfaches, aber eindrucksvolles Beispiel zeigt, daß Flächen mit unterschiedlichem topologischem Geschlecht verschiedene Eigenschaften haben. Nimmt man einen Papierstreifen (etwa 2 cm breit und 20 cm lang) und klebt seine beiden Enden zusammen, so hat man einen Ring; schneidet man diesen Ring in der Mitte seiner Breite ringsum durch, so hat man zwei Ringe von je 1 cm Breite — topologisch hat sich nichts geändert. Nimmt man aber einen gleichen Papierstreifen und dreht das eine Ende vor dem Zusammenkleben um 180°, so erhält man das „Möbiussche Band". Es wurde so nach dem deutschen Astronomen August Möbius benannt, der im vorigen Jahrhundert als erster die seltsamen Erscheinungen der Topologie erforschte.

Dieser „verkehrt" zusammengeklebte Streifen hat plötzlich ganz andere Eigenschaften. Er hat nur einen Rand, und die Fläche hat keine Rückseite. Will man etwa nur eine Fläche rot anmalen, so wird man feststellen, daß man beide Seiten des ursprünglichen Streifens rot angemalt hat. Schneidet man das Band längs der Mittellinie durch, so hat man nicht zwei Ringe, sondern nur einen Ring; dieser hat aber wieder zwei Ränder und zwei Seiten. Eine andere Über-

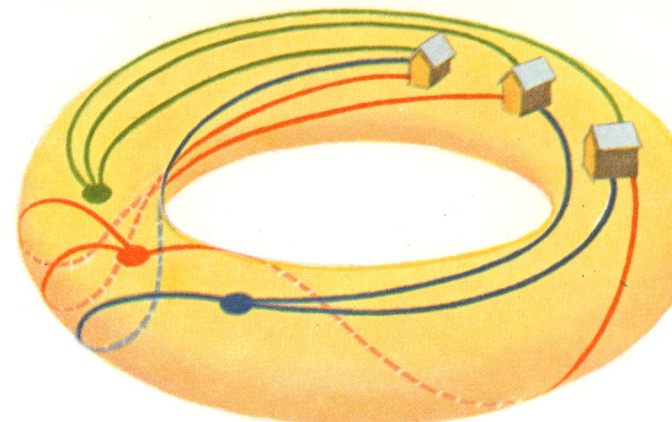

raschung erleben wir, wenn wir das Möbiussche Band rundherum zweimal aufschneiden: Wir bekommen zwei ineinander verschlungene Bänder, von denen eines ein Streifen mit zwei Kanten und zwei Seiten ist, während das andere wieder ein neues Möbiussches Band darstellt.

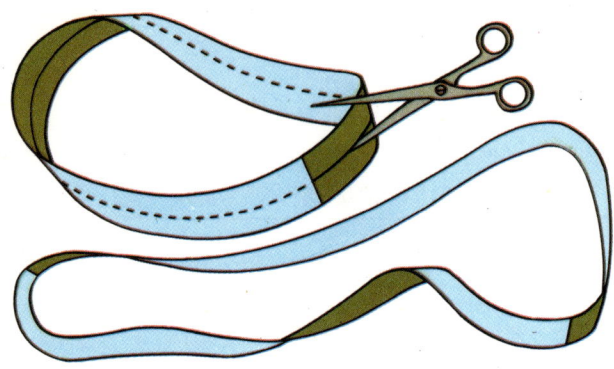

Mit Hilfe der Topologie lassen sich

Wie macht man Unmögliches möglich?

Aufgaben lösen, die anders nicht zu bewältigen sind. Stellen wir einmal drei Spielzeughäuschen nebeneinander. Jedes der drei Häuschen sollen wir nun durch eine farbige Linie mit jedem der drei Punkte (siehe Bild) verbinden, aber so, daß sich die Linien nicht berühren.

Mit einfacher Geometrie ist es nicht zu schaffen. Es kommt so, wie es das Bild zeigt: Immer erreicht eine Linie ihr Ziel nicht.

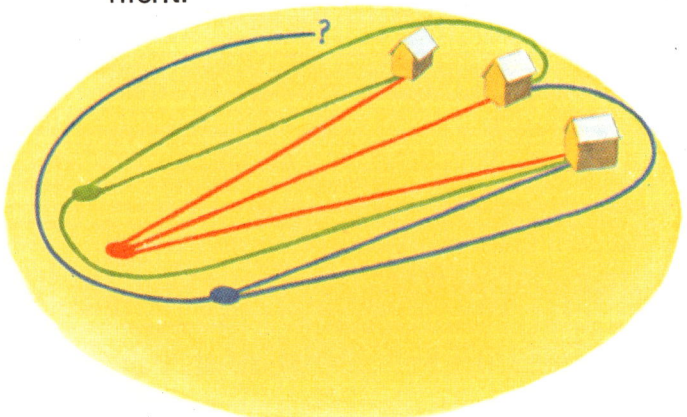

Die topologische Lösung ist einfach: Man stellt die Häuschen nur auf die Oberfläche eines Autoreifens anstatt auf eine ebene Fläche — und das Unmögliche ist möglich.

Betrachten wir einmal eine Staatenkarte von Europa.

Wie viele Farben braucht man für eine Landkarte?

Um jedes Land deutlich in seinen Umrissen zu erkennen, hat jeder Staat eine andere Farbe als seine angrenzenden Nach-

Mit vier verschiedenen Farben läßt sich jede Landkarte herstellen.

barstaaten. Mit wie vielen Farben kann nun ein Hersteller von farbigen Landkarten auskommen?

Die Antwort gibt uns die Topologie. Durch Versuche hat man herausgefunden, daß jede Karte mit nur vier verschiedenen Farben hergestellt werden kann, ganz gleich, wie viele Länder sie enthält und wie die Länder zueinander liegen.

Grundbegriffe der Mengenlehre

Die Mengenlehre ist nicht nur für den Rechenunterricht von Schulanfängern erfunden worden. Sie wurde von dem deutschen Mathematiker Georg Cantor (1845—1918) begründet. Nach anfänglichen Widerständen haben Mathematiker der ganzen Welt ihre große Bedeutung für alle Gebiete der modernen Mathematik anerkannt.

Die Wissenschaft der Mathematik hat sich im Laufe der Zeit in viele Einzelgebiete aufgefächert, die kaum noch eine gemeinsame Grundlage hatten. Durch die Mengenlehre wurden die mathematischen Wissenschaften neu zusammengefaßt und geordnet.

Wer sich fortschreitend mit der Mengen-

Warum beginnt die Schule mit der Mengenlehre?

lehre befaßt, gewinnt damit einen Zugang zu allen Zweigen der Mathematik. Beim Übergang ins Gymnasium und später in die Universität mußten die jungen Menschen bisher eine völlig andere Mathematik mit neuen Begriffen lernen; die vorher angeeigneten Kenntnisse und Regeln waren kaum noch zu verwenden. Aber nicht nur aus diesem Grunde wird neuerdings in den Schulen die Lehre von den Mengen an den Anfang allen Rechen- und Mathematikunterrichts gestellt.

Die Mengenlehre hat den Vorteil, daß Kinder spielend lernen, die Unterschiede der „Elemente" zu erkennen und sie danach zu ordnen. Dabei ergeben sich Zahlen, Zahlenoperationen und mathematische Grundbegriffe wie von selbst. Der Lehrer gibt nur Hilfestellung; die Lösung der Aufgaben wird von den Kindern selber entdeckt, anfangs in eifrigem Spiel mit Gegenständen, die verschiedene Eigenschaften haben (Klötz-

chen oder Plättchen von verschiedener Farbe, von verschiedener Form — rund, dreieckig, rechteckig, quadratisch, dick oder dünn, groß oder klein). Wer mit Mengen umgeht, kommt notwendig zu Zahlbegriffen und Operationen mit Zahlen, weil die Zahl eine Eigenschaft jeglicher Menge ist.

In der Umgangssprache sagt man etwa,

Was ist eine Menge?

jemand habe „eine Menge Geld"; man meint damit, daß er viel Geld hat. In der Mengenlehre wird der Begriff der Menge anders verstanden: Eine Menge ist nach Cantor „die Zusammensetzung von bestimmten, wohlunterschiedenen Objekten unseres Denkens oder unserer Anschauung zu einem Ganzen". Diese Objekte nennt man in der Mengenlehre **Elemente.**

Wie ist es, wenn Jan sagt: „Ich habe eine Menge Spielsachen."? Aus seinen Spielsachen kann er tatsächlich eine Menge oder auch mehrere Mengen bilden. Nehmen wir an, Jan reist mit seinen Eltern in den Ferien ans Meer. Er soll aus seinen Spielsachen eine begrenzte Menge auswählen, die er mitnehmen will. Er legt die ausgewählten Dinge in einen Kreis.

Die dargestellte Menge der Spielsachen hat Jan aus der **Grund- oder Bezugsmenge** seiner sämtlichen Spielsachen gebildet.

Jan überlegt nun, welche der Spielsachen er bei schönem Wetter zum Draußenspielen und welche er bei schlechtem Wetter zum Drinnenspielen gebrauchen kann. Dabei stellt sich heraus, daß es einige Elemente der Spielzeugmenge gibt, die sich sowohl draußen wie drinnen zum Spielen eignen. Eingekreist, sieht sein Mengenbild nun so aus:

Ein Mengenbild, wie es Jan gemacht hat, nennt man auch ein Venn-Diagramm. Ein Mengenbild ist jede bildliche Darstellung einer Menge,

Was ist ein Venn-Diagramm?

wobei die dargestellten Elemente von einer geschlossenen Linie umrahmt werden. Statt der Bilder der Dinge können auch symbolische Zeichen eingesetzt werden, zum Beispiel Punkte, die durch beigefügte Buchstaben unterschieden werden. Jans Mengenbild würde dann so aussehen:
(Au = Auto, Bu = Buch, T = Tuschkasten, Sch = Schiff, Ba = Ball, K = Kran, S = Schaufel, E = Eimer, F = Federballspiel)

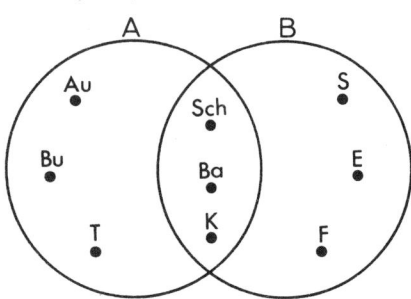

Wir wollen die Menge der Schlechtwetterspielsachen als A, die Menge der Schönwetterspielsachen als B bezeichnen.
Alle Spielsachen, die er mitnehmen will, bezeichnen wir als Menge M.

Mengen oder Teile von Mengen kann man auch ohne Venn-Diagramme angeben. Wenn wir sagen wollen, das Auto und der Tuschkasten sind

Die Mengen-klammer

Elemente der Menge A, so schreiben wir dies: $\{Au, T\} \in A$, oder auch: $\{Au, T\} \in \{Au, Bu, T, Sch, Ba, K\}$.
$\{Au, T\} \notin B$ heißt: Auto und Tuschkasten sind **nicht** Elemente von B.
Man kann aber auch sagen: Auto und Tuschkasten sind in der Menge A enthalten. Das müßte man so schreiben:
$\{Au, T\} \subset A$ oder $\{Au, T\} \subset \{Au, Bu, T, Sch, Ba, K\}$.
Entsprechend bedeutet $\not\subset$ „nicht enthalten". Will man die Menge beschreiben, zum Beispiel unsere Menge der Schlechtwetterspielzeuge, von der wir übereingekommen sind, daß wir sie praktischerweise als A bezeichnen, schreibt man es so:
$A \supset \{Au, Bu, T, Sch, Ba, K\}$. Das Zeichen $\supset$ bedeutet „enthält", $\not\supset$ entsprechend „enthält nicht".

Aus der Menge der Spielsachen, die er mitnehmen will — wir nennen sie M — hat Jan Teilmengen gebildet. Man

Wie wird eine Teilmenge gebildet?

schreibt das so:
$A \subseteq M$ (gelesen: A ist Teilmenge der Menge M); außerdem gilt: $B \subseteq M$. Nun enthalten die beiden Teilmengen drei Elemente, die sowohl zu A wie zu B gehören. Wäre es nicht so, würden sich die beiden Innenkreise nicht überschneiden; dann ent-

hielte die Teilmenge A kein Element, das auch zur Teilmenge B gehörte, und umgekehrt. In solchem Fall sagt die Mengenlehre: A ist eine echte Teilmenge von der Menge M; in Kurzform: $A \subset M$. Ebenso wäre dann B eine echte Teilmenge von M, $B \subset M$. Beachte: Das Zeichen $\subset$ bedeutet auch „enthalten in". Und tatsächlich würde sich am Sinn der Aussage nichts ändern, wollte man lesen: A ist enthalten in M.

Die Spielsachen Sch, Ba und K im Men-

Was ist ein Durchschnitt?

genbild sind Elemente, die sowohl zur Teilmenge A wie zur Teilmenge B gehören. Faßt man diese Elemente zu einer neuen Menge D zusammen, so nennt man D den Durchschnitt der Mengen A und B. Man schreibt das so: $D = A \cap B$. Es gilt dann: $\{Sch, Ba, K\} = A \cap B$, gelesen: Die Menge der Elemente Schiff, Ball und Kran bildet den Durchschnitt von A und B.

Sehen wir uns noch einmal Jans Men-

Was ist eine Restmenge?

genbild an. Die Teilmengen A und B enthalten außer den drei gemeinsamen Elementen jede noch drei Dinge, die sich außerhalb der Durchschnittsmenge befinden. Man kann diese Elemente zu Restmengen zusammenfassen. Die Restmenge von A würde man in der Mengenlehre so schreiben: $A \setminus B$, gelesen: A ohne B. Die Restmenge von A bezüglich B ist die Menge aller Elemente von A, die nicht zu B gehören! Ebenso gilt: $B \setminus A$, also: die Restmenge von B bezüglich A ist die Menge aller Elemente von B, die nicht zu A gehören. Natürlich handelt es sich bei den beiden Restmengen nicht um die gleichen Elemente. Darum ist beim „ohne"-

Zeichen die Reihenfolge der beiden Mengen wichtig, anders als zum Beispiel beim Durchschnittszeichen $\cap$. (Es ist gleich, ob man schreibt: $A \cap B$ oder $B \cap A$)

Ein Venn-Diagramm kann auch aus

Was ist eine leere Menge?

mehr als zwei Kreisen bestehen, ja, innerhalb eines Mengenbildes kann es sehr viele Teil- oder Unter-

mengen geben. Betrachten wir einmal ein Venn-Diagramm, das aus drei Kreisen besteht und so aussieht:

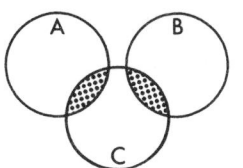

Zwischen den Mengen A und C gibt es eine Durchschnittsmenge, ebenso zwischen B und C. Zwischen den Mengen A und B aber gibt es keinen Durchschnitt, die beiden Kreise berühren sich nicht, was bedeutet, daß kein Element vorhanden ist, das zugleich Element von A und B ist. Man sagt dann, der Durchschnitt von A und B sei leer oder eine leere Menge, geschrieben: $A \cap B = \{\}$. Für die Leermenge gebraucht man das Zeichen $\{\}$.

Der Begriff der Vereinigungsmenge ist

Die Vereinigungsmenge

am leichtesten zu verstehen. Im obigen Venn-Diagramm wird die Vereinigungsmenge aus den Men-

gen A, B und C gebildet. Sie besteht aus allen Elementen, die Elemente von A, B oder C sind, einschließlich der Elemente des Durchschnitts von A und C und von B und C. Das Zeichen für die Vereinigung von Mengen ist $\cup$, also hier $A \cup B \cup C$.

Was ist eine graphische Darstellung?

René Descartes war ein französischer Mathematiker, der im 17. Jahrhundert lebte. Er war der erste, der mit graphischen Darstellungen arbeitete. Graphische Darstellungen sind Zeichnungen, die die Ergebnisse von Zählungen und Messungen in Linien, Strichen, Kreisen und Figuren ausdrücken. Sie zeigen zum Beispiel Gewinne und Verluste oder Temperaturgrade über oder unter Null. Statistiker benutzen graphische Darstellungen, um Tatsachen und Ergebnisse anschaulich darzustellen.

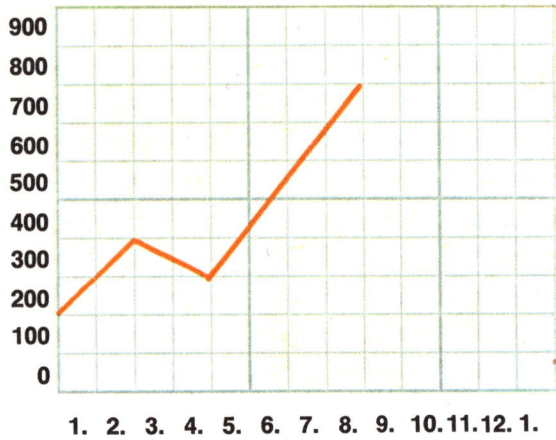

„Wie geht das Geschäft?" Die Kurven zeigen die Schwankungen während der Monate eines Jahres an. Sie können Verkaufszahlen, Einnahmesummen, Gewinne oder andere geschäftliche Informationen vermitteln.

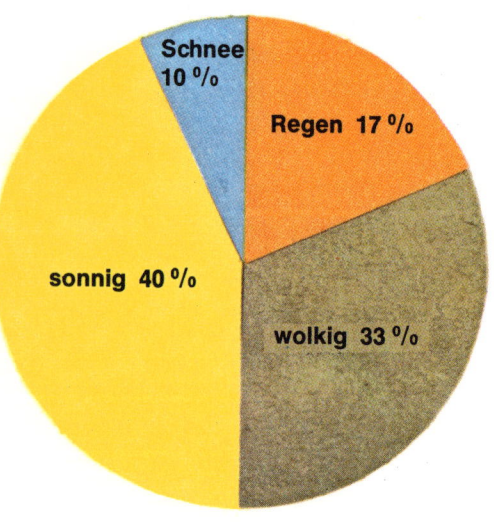

Die Aufteilung eines Ganzen kann man in einer Kreisform darstellen. Hier wird gezeigt, wie das Wetter während eines Jahres gewesen ist.

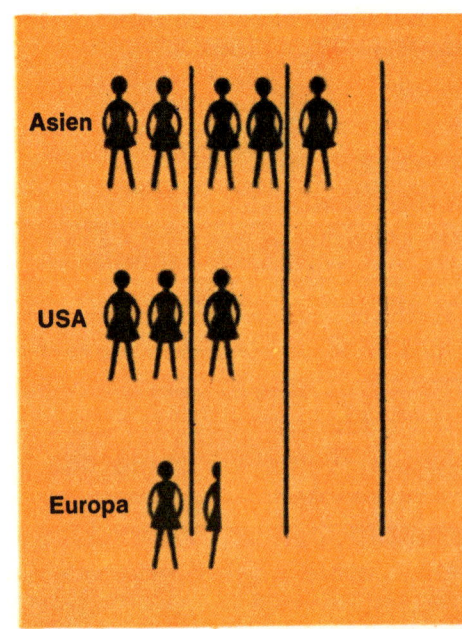

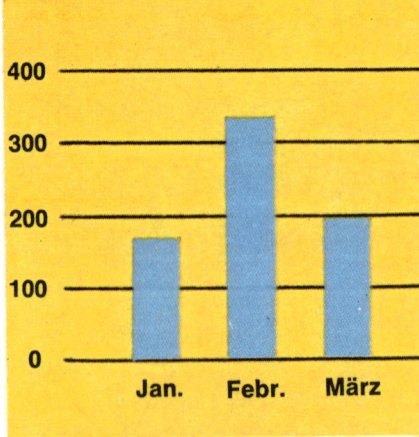

Durch senkrechte oder waagerechte Linien kann man in einer graphischen Darstellung mehrere Größen gut miteinander vergleichen.